Carlos G. Hernández R.

INTRODUCCIÓN AL ENLACE QUÍMICO

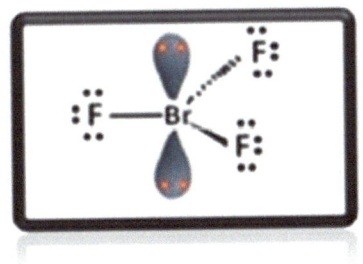

INTRODUCCIÓN AL ENLACE QUÍMICO

PREFACIO

Los seres humanos somos hijos legítimos de la Tierra. Una buena parte de los elementos de la naturaleza forman parte principalísima y permanente de nuestro cuerpo. Nosotros, al igual que nuestro hermoso y maltratado planeta, estamos formados por diversos elementos químicos como el hidrógeno, sodio, carbono, oxígeno, nitrógeno, silicio, hierro, calcio, potasio, flúor, fósforo, etc. Algunos de estos elementos químicos que constituyen el cuerpo humano están presentes en proporciones ínfimas. En realidad, poco se sabe sobre las funciones que muchos de estos elementos cumplen en nuestro cuerpo.

Resulta muy interesante e importante saber cómo se compone nuestro organismo a nivel químico, y cómo todos sus componentes están intrínsecamente relacionados para poner en marcha esta complejísima máquina que damos en llamar el cuerpo humano. La mayor parte de esos elementos están en nuestros cuerpos en forma de compuestos, es decir, enlazados o combinados con otros elementos.

Por fortuna, la Química como ciencia ha experimentado un extraordinario desarrollo desde los inicios del siglo pasado que puso en evidencia la necesidad de dividirla en varias ramas. Esto llevó a un aumento en el grado de especialización que actualmente implica un enfoque interdisciplinario, ya que este campo está íntimamente ligado a diversas áreas del conocimiento como la Física, la Medicina, la Ingeniería, la Biotecnología, etc. De igual modo, la complejidad de los problemas a resolver, muchas veces requiere la conformación de grupos de investigación interdisciplinarios que permiten abordar con mayores probabilidades de éxito los problemas específicos del área de la Química.

En el mundo de hoy, el conocimiento químico es muy útil en las industrias de alimentos, medicinas cosméticos, vestidos, detergentes, insecticidas, productos de limpieza, combustibles, transporte, etc. La sociedad moderna dispone de mucha información científica y tecnológica que es necesario conocer, para tomar decisiones adecuadas y útiles sobre materiales y productos de uso diario.

Nuestro planeta Tierra, como todo sistema, está sometida al influjo de intensos campos electromagnéticos y gravitatorios originados por los otros cuerpos situados en el espacio exterior. A su vez, nuestro planeta también ejerce una influencia electromagnética y gravitatoria sobre esos mismos cuerpos celestes. De igual manera, nosotros también hacemos lo mismo sobre las personas que nos rodean. Y por supuesto, las demás personas también afectan nuestro comportamiento fisicoquímico. ¿Cómo es el comportamiento fisicoquímico de La Tierra? ¡Pues permítame decirle que nuestro planeta tiene un comportamiento parecido a cómo se comportan sus elementos constituyentes! Por supuesto, debemos tener siempre presente que el todo es más que la suma de las partes. De manera que, conociendo un poco del comportamiento químico de los elementos de la naturaleza, podemos llegar, como mínimo, a una superficial comprensión básica del comportamiento del ser humano. Así de simple es una primera aproximación a los fundamentos teóricos que tratan de explicar la manera de reaccionar que presentan los diferentes elementos de la naturaleza, aspecto que es el objetivo del presente trabajo.

Este libro es el resultado de mis experiencias acumuladas durante más de 30 años de labor docente en Venezuela dictando clases teóricas a mis estudiantes de bachillerato, y está dirigido especialmente a aquellos estudiantes que inician su carrera universitaria en Química, o en alguna de las áreas relacionadas con este campo del conocimiento y que necesitan una sólida introducción a las teoría modernas que tratan de explicar cómo se forman las moléculas y los compuestos. Bienvenido al fascinante mundo del enlace químico

INTRODUCCIÓN AL ENLACE QUÍMICO

INTRODUCCIÓN

El enlace químico se puede definir como el proceso por el cual átomos iguales o diferentes se unen para adquirir la configuración electrónica estable de los gases inertes y formar moléculas estables. En la realidad en que vivimos, sólo los gases nobles y los metales en estado de vapor están presentes naturalmente como átomos aislados; es decir, átomos individuales, que no se unen para crear una molécula. Por ello, se puede afirmar que la mayoría de las sustancias que existen están formadas por átomos unidos mediante enlaces químicos, los cuales se producen con el fin de que los átomos alcancen la estabilidad química.

Se conocen varias teorías que tratan de explicar cómo se unen los elementos y compuestos que se encuentran en la naturaleza. Todas ellas son válidas, actuales y sobre todo, complementarias entre sí. Algunas son bastantes sencillas de entender y manejar; mientras que otras, un poco más complejas, han surgido por la necesidad de complementar a las anteriores. A su vez, otras teorías han debido ser formuladas para complementar a las del segundo grupo y así ha sido hasta ahora. Algunas de estas teorías son: la Regla del Octeto, la Teoría de la Repulsión de los Pares de Electrones de la Capa de Valencia (T.R.P.E.C.V.), la Teoría de los Enlaces de Valencia (T.E.V.), la Teoría de los Orbitales Moleculares (T.O.M.), la Teoría de las Cuerdas, la Teoría M y otras más. La gran diversidad de propuestas existentes hasta ahora, nos indica el grado de complejidad y dificultad que encierra el hecho de tratar de explicar correctamente cómo es el proceso de unión de los átomos en una molécula. Tal vez en el futuro sea posible que se puedan describir todas las moléculas utilizando una sola teoría de enlace químico, que sea amplia y sencilla; pero, por los momentos, nos conformaremos con lo que tenemos. Entre tanto, clasificaremos los enlaces químicos en los siguientes tipos: Iónico o Electrovalente, Covalente, Metálico, Molecular y de Hidrógeno. En este trabajo introductorio al enlace químico, nos limitaremos a tratar con las teorías más sencillas, comenzando con la más simple de todas: La Regla del Octeto, y finalizaremos conociendo un poco de la Química de los compuestos complejos. Las teorías más complejas les dejaremos para un posterior trabajo, si bien no dejaremos de referirnos a ellas cuando haga falta, aunque sea en forma limitada.

Existen dos teorías que son las más utilizadas por los químicos para explicar la mayoría de los compuestos. En la Teoría de Enlace de Valencia –que es una derivación de la Regla del Octeto– se conceptúa la formación del enlace químico como un proceso en el que dos átomos comparten electrones de valencia para completar electrónicamente su último nivel de energía y llegar así a una situación más estable, similar a la que presentan los gases inertes. Los gases nobles se caracterizan por presentar una capacidad de combinación de cero, pues tienen su capa de valencia completa; de allí que su reactividad sea prácticamente nula, y que sean ellos los únicos elementos que existan, de forma natural, como átomos aislados. Pero, a pesar de sus bondades, pronto se vio que esta teoría no podía satisfacer todas las interrogantes que se presentaban.

La conocida como teoría del enlace de valencia moderna reemplaza el solapamiento de orbitales atómicos, con el traslape de orbitales de enlace de valencia. Los electrones se comparten a través de la superposición de orbitales atómicos, pudiendo producirse interesantes fenómenos como la hibridación y la resonancia de estos orbitales, que ayudan a explicar ciertas propiedades de las moléculas. Estos son orbitales que se expanden por toda la molécula. En general, esta teoría se ve como un método complementario a la Teoría de Orbitales Moleculares. Cada uno de estos esquemas teóricos puede explicar, y predecir de forma más directa, algunas de las propiedades y características de los enlaces químicos. Por ejemplo, la Teoría del Enlace de Valencia predice el comportamiento de las moléculas diatómicas homonucleares (H_2, O_2, F_2, etc.) de una forma mucho más exacta que la Teoría de Orbitales Moleculares. En contraposición, ésta última explica mejor otros aspectos importantes de las uniones químicas.

En la teoría de los orbitales moleculares se sustituye el traslape de orbitales entre dos átomos, por su combinación lineal para formar orbitales que abarcan toda la molécula y en los que se sitúan los electrones que participan en el enlace. Según esta teoría, se forman tantos orbitales moleculares como orbitales atómicos se combinan, y cada uno de éstos puede incluir a varios núcleos, aunque por lo general, sólo intervienen dos de ellos. La T.O.M. predice mejor el comportamiento espectroscópico y

INTRODUCCIÓN AL ENLACE QUÍMICO

magnético, así como el proceso de ionización de las moléculas en general. También describe mejor las moléculas polivalentes, el enlace metálico y los sistemas deficientes en electrones.

Se considera que la Teoría de Enlace de Valencia es una aproximación de enlace localizado y que la Teoría de Orbitales Moleculares es una aproximación de enlaces deslocalizados. Las dos teorías se consideran aproximaciones de una teoría mejor, la Teoría de Interacción Completa de Configuraciones. Esta teoría combina, de forma lineal, todas las configuraciones electrónicas posibles del sistema. Tanto si se aplica a la Teoría de Enlace de Valencia, como si se aplica a la Teoría de Orbitales Moleculares, se llega a la misma función de onda, de allí que las dos teorías se consideren aproximaciones de esta función de onda.

En síntesis, la Química Cuántica ha desarrollado principalmente estos dos métodos (T.E.V. y T.O.M.) de búsqueda de esas funciones de onda de prueba para los sistemas moleculares. Cada uno de estos métodos contiene un algoritmo particular para generar funciones de onda; y la justificación para elegir alguno de esos algoritmos, descansa en supuestos conceptuales cualitativos acerca de la forma que debería tener la función de onda molecular. El principal objetivo del presente trabajo, es introducir al lector en este fascinante mundo del enlace químico de átomos y moléculas.

Como veremos, el concepto de enlace químico se puede establecer desde la perspectiva de los dos enfoques a través de los cuales la ecuación de Schrödinger se aplica a los sistemas químicos moleculares: la Teoría del Enlace de Valencia (TEV) y la teoría del orbital molecular (TOM). Sin embargo, en base a sus enfoques y su comparación, debemos señalar que, a pesar de su denominación tradicional, no pueden considerarse estrictamente como teorías científicas, sino que se ajustan mejor a la noción de modelo. En particular, son modelos que incorporan conceptos y leyes tanto del ámbito de la mecánica cuántica, como del campo de la Química estructural. Estas consideraciones nos permitirán afirmar que la Química Cuántica no posee un referente ontológico autónomo, sino que se trata de un ámbito científico cuya vigencia descansa sobre su éxito práctico en el cálculo y en la predicción de propiedades.

Con la aparición y aplicación de nuevas y complejas ideas y conceptos a los problemas químicos, actualmente ya no es posible adoptar uno de los enfoques anteriores como el "correcto", y olvidar los aportes de los otros. Es precisamente esa coexistencia de teorías, supuestamente rivales, lo que invita a la reflexión filosófica, ya que nos enfrenta a la cuestión acerca del dominio ejercido por ellas. Si la T.E.V. y la T.O.M., que constituyen el núcleo de la Química Cuántica, son teorías incompletas, entonces, ¿cuáles son las características que posee el mundo descrito por esta disciplina científica? Obviamente, la respuesta a esta pregunta genera muchas expectativas. Esta es la razón por la que invitamos al lector a introducirse en el fascinante mundo del enlace químico.

Actualmente, la Química Computacional –que es una rama de la Química teórica y de la Química Cuántica– busca producir y utilizar programas informáticos para el estudio de propiedades como energía, momento dipolar, frecuencias de vibración de átomos y moléculas y, en menor medida, a las propiedades de los sólidos extendidos. También se usa para cubrir áreas de solapamiento entre la Informática y la Química.

Mientras que en Química teórica, los químicos y los físicos desarrollan teorías y algoritmos que permiten predicciones precisas de propiedades atómicas o moleculares, o caminos para las reacciones químicas, los químicos computacionales usan los programas y metodologías existentes para aplicarlos a problemas químicos específicos: estudios computacionales para encontrar un punto de partida para la síntesis en laboratorio, o estudios computacionales para explorar mecanismos de reacción y explicar observaciones en reacciones analizadas en el laboratorio. Pero esto ya es harina de otro costal.

INTRODUCCIÓN AL ENLACE QUÍMICO

Contenido

PREFACIO 5
INTRODUCCIÓN 7
1.- EN EL INTERIOR DEL ÁTOMO 15
1.1.- Concepción moderna del átomo. 16
1.2.- Los electrones 22
2.- TEORÍA DE LA REPULSIÓN DE LOS PARES DE ELECTRONES DE LA CAPA DE VALENCIA 25
3.- EL ENLACE METÁLICO 31
3.-1.- Estructura de los sólidos metálicos 31
3.2.- Propiedades de los metales 32
3.3.- Teoría del mar de electrones 34
3.4.- Teoría de Bandas. 35
3.5.- Dopaje. 37
4.- EL ENLACE IÓNICO 39
4.1.- Diferencias de reactividad entre átomos de un mismo grupo. 49
5.- LA TEORÍA DE LEWIS Y LOS ENLACES DE VALENCIA 51
5.1.- El Enlace Covalente. 51
5.2.- Electronegatividad 58
5.3.- Diferencias entre compuestos iónicos y compuestos covalentes. 59
5.4.- El Enlace Covalente Coordinado 60
5.5.- Orbitales Híbridos 61
6.- TEORÍA DEL ENLACE DE VALENCIA 63
6.1.- postulados de la Teoría de Enlaces de Valencia. 65

6.2.- La molécula de Flúor. 66

6.3.- La molécula de Oxígeno. 66

6.4.- La molécula de Nitrógeno. 67

6.5.- La molécula de Amoníaco. 67

6.6.- La molécula de Agua. 68

6.7.- Debilidades de la T.E.V. 68

6.8.- La Teoría de Enlace de Valencia en la actualidad 70

6.9.- Aplicaciones de la Teoría del Enlace de Valencia 72

7.- POLARIDAD DE ENLACES 75

7.1.- Enlaces por puente de hidrógeno. 77

7.2.- Fuerzas de Van Der Waals. 82

7.2.- Interacción dipolo-dipolo. 83

7.3.- Interacción dipolo-dipolo inducido. 84

7.4.- Interacción dipolo instantáneo-dipolo inducido 84

8.- TEORÍA DE HIBRIDACIÓN DE ORBITALES 85

8.1.- El caso de las moléculas tipo BeCl2. 85

8.2.- Los enlaces en el átomo de Carbono. 87

8.3.- La molécula de etano. 89

8.4.- El doble enlace Carbono—Carbono 90

8.5.- El triple enlace Carbono—Carbono. 91

9.- TEORÍA DE LOS ORBITALES MOLECULARES 97

9.1.- Diagramas de energía en mezclas de orbitales 102

9.2.- Propiedades de las moléculas 102

9.3.- El oxigeno singulete. 109

9.4.- El oxígeno triplete. 110

INTRODUCCIÓN AL ENLACE QUÍMICO

9.5.- Moléculas Diatómicas Heteronucleares. 111

10.- LOS COMPUESTOS COMPLEJOS O DE COORDINACIÓN 115

10.1.- Características generales de los complejos. 118

10.2.- Carga, Número de Coordinación y Geometría de los Complejos. 120

10.3.- Haciendo un poco de historia. 122

10.4.- Ligandos polidentados o agentes quelantes. 126

10.5.- Ligandos ambidentados. 129

11.- FORMULACIÓN Y NOMENCLATURA DE COMPLEJOS 131

11.1.- Reglas de nomenclatura. 131

12.1.- Estereoisomería. 136

12.2.- Magnetismo en los compuestos complejos. 138

13.1.- Energía de apareamiento. 150

13.2.- Color de los complejos de transición. 152

Para finalizar: 155

REFERENCIAS 163

TABLA PERIÓDICA 167

C.G.H.R.

INTRODUCCIÓN AL ENLACE QUÍMICO

1.- EN EL INTERIOR DEL ÁTOMO

El átomo es la unidad constituyente más pequeña de la materia, que contiene las propiedades de un elemento químico. Por mucho tiempo se creyó que el átomo era indivisible. Esta visión fue reflejada en el modelo atómico sugerido, entre otros, por John Dalton, donde a su vez se reflejaban las ideas que procedían desde los tiempos de la Grecia antigua, donde existieron eruditos como Leucipo de Mileto, un famoso filósofo griego, y su discípulo, Demócrito, a quienes se les atribuye la fundación del atomicismo mecanicista, según el cual, la realidad estaba formada por partículas infinitamente pequeñas, indivisibles, de formas variadas, y siempre en movimiento. Así, la palabra átomo significa "lo que no puede ser dividido". Sin embargo, investigadores posteriores demostraron que la materia estaba formada por partículas elementales: protones, neutrones y electrones. Así, por ejemplo, en 1825, el investigador francés, Henri Becquerel, descubrió el fenómeno de la radiactividad. Varios años después, Ernest Rutherford determinó que existían tres tipos de radiaciones: radiación Alfa (α), formadas por partículas de He^{+2} con carga positiva; radiación Beta (β) formadas por partículas de carga negativa (electrones); y radiaciones gamma (¥) que son radiaciones electromagnéticas.

El trabajo experimental de Rutherford le permitió concluir que el átomo no es compacto, sino que posee un centro masivo de carga positiva denominado núcleo atómico, y que existe un gran espacio vacío entre éste y los electrones que giran a su alrededor.

Una idea sencilla acerca del átomo es que está constituido por un núcleo atómico donde se concentra prácticamente toda la masa y la carga positiva del átomo, y una especie de "corona", o corteza electrónica, donde se concentra la carga negativa. El átomo, en su estado fundamental, es eléctricamente neutro. El núcleo atómico es la parte central de átomo donde se encuentran los protones y los neutrones. Allí se concentra la mayor parte de la masa del átomo (aproximadamente el 99,9 % de la masa total); presenta un diámetro del orden de 10^{-12} cm. (aproximadamente 10^{-4} Å) y una densidad muy elevada (del orden de $10^{13} - 10^{14}$ g/cm³). Los protones y neutrones se mantienen unidos por medio de la interacción nuclear fuerte, la cual permite que el núcleo sea estable, a pesar de que los protones tiendan a repelerse entre sí.

El modelo atómico de Rutherford establecía que el átomo constaba de un núcleo central cargado positivamente, y de una nube de electrones girando a su alrededor. Las 3 partículas elementales de su modelo: protones, neutrones y electrones, pasaron a ser 4, cuando, alrededor de 1930 aparecieron, de forma indirecta, los neutrinos. Los avances no se han detenido y así llegamos a la concepción moderna del átomo.

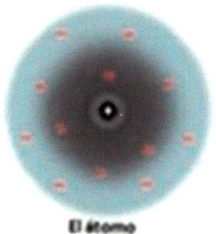

La corona electrónica constituye la parte externa donde se encuentran los electrones girando alrededor del núcleo. Éstos ocupan la mayor parte del volumen atómico. El tamaño de la corteza electrónica determina el volumen ocupado por el átomo. Su diámetro oscila entre 1 y 5 Å. (Es decir, entre 1×10^{-8} y 5×10^{-8} cm.)

Fig.1.1.- Los electrones alrededor del núcleo

1.1.- Concepción moderna del átomo.

En una visión más actualizada del átomo, los protones y neutrones reciben el nombre de nucleones. El protón es una partícula de carga positiva; tiene una masa de $1,6725 \times 10^{-24}$ g, que es igual a la masa de átomo de Hidrógeno, y una carga eléctrica de $1,602 \times 10^{-19}$ Coulombs. La carga nuclear positiva de un átomo es un múltiplo de la carga de un protón. El número de protones presentes en el núcleo atómico es definido como Número Atómico, y se representa con la letra Z.

El neutrón es una partícula neutra que tiene casi la misma masa del protón. La letra N indica el número de neutrones presentes en el núcleo atómico. La suma del número de protones y de neutrones de un elemento, se denomina Masa Atómica y se representa con la letra A. (A = Z + N)

INTRODUCCIÓN AL ENLACE QUÍMICO

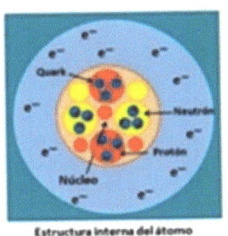

Si la imagen estuviera a escala y los protones y neutrones midieran 10 cm de diámetro, entonces los quarks y los electrones medirían 0,1 mm, mientras que el diámetro del átomo mediría unos 10 km aproximadamente.

Fig.1.2.- El átomo por dentro

Los quarks, descubiertos en la década de los años sesenta, son, junto con los leptones, los constituyentes fundamentales de la materia visible. Varias especies de quarks se combinan de manera específica para formar partículas tales como protones y neutrones. La principal particularidad de los quarks es que son las únicas partículas fundamentales que desarrollan los cuatro tipos de interacciones básicas que puede llevar a cabo una partícula. Esto quiere decir que los quarks pueden concretar interacciones gravitatorias, interacciones electromagnéticas, interacciones nucleares débiles e interacciones nucleares fuertes.

Los quarks son partículas parecidas a los gluones en peso y tamaño, esto se asimila en la fuerza de cohesión que estas partículas ejercen sobre ellas mismas. Son partículas de espín 1/2, por lo que se consideran como fermiones.

Existen 6 tipos de quarks que se denominan de la siguiente manera:

.- Quark Up (Arriba)

.- Quark Down (Abajo)

.- Quark Charm (Encanto)

.- Quark Strange (Extraño)

.- Quark top (Cima)

.- Quark Bottom (Fondo).

Los nombres de estas partículas están basados en la necesidad de nombrarlos de una manera fácil de recordar y usar. Las variedades de quarks Extraño, Encanto, Fondo y Cima eran muy inestables y se desintegraron en una fracción de segundo después del Big Bang, pero los físicos de partículas pueden recrearlos y estudiarlos. Las variedades Arriba y Abajo sí se mantuvieron. Ellas se distinguen entre otras cosas por su carga eléctrica. En la naturaleza no se encuentran quarks aislados. Su alta capacidad de unión, se debe a que responden a la acción de la fuerza nuclear fuerte.

La combinación de las distintas clases de quarks permite la conformación de otros tipos de partículas subatómicas, como los neutrones o los protones. En otras palabras, se puede afirmar que la materia está constituida por los dos primeros quarks, ya que éstos forman los protones y neutrones, que a su vez forman los núcleos atómicos que constituyen la materia visible. En el año 2003, se encontró evidencia experimental de una nueva asociación de cinco quarks, los pentaquark, aunque su existencia aún es controvertida.

 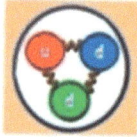

Fig. 1.3.- Estructura de quarks para el protón y el neutrón

Los 6 tipos de quarks se caracterizan por la carga eléctrica, la masa, el sabor y el espín.

- La carga eléctrica de un quark es una fracción de la carga eléctrica de un electrón, que se considera unitaria.

- Las generaciones se establecieron de acuerdo a la magnitud de la masa.

- Los quarks, al igual que los electrones, tienen espín $+½$ ó $-½$, que los ubican dentro de la familia de los fermiones.

La noción de la masa de un quark es una construcción teórica que tiene sentido sólo cuando se especifica exactamente cuál es el método se usa para definirla. La masa del quark t puede ser medida directamente a partir de los productos de las desintegraciones logradas en el Acelerador de partículas Tevatrón, (Illinois, U.S.A.), que hasta hace pocos años era el único acelerador de partículas con la suficiente energía para producir quarks t en abundancia.

Según el modelo estándar de la Física de partículas, se denomina sabor al atributo que distingue a cada uno de los seis quarks. El sabor de un quark se relaciona con el hecho de que los quarks pueden cambiar de tipo,

INTRODUCCIÓN AL ENLACE QUÍMICO

debido a la interacción débil. A este cambio, se le denomina sabor. El bosón **W** y el bosón **Z** son los causantes de la interacción débil y son los que permiten el cambio de sabor en los quarks. Cada quark tiene un sabor diferente que interactúa con los bosones de una manera única.

Simplificando la explicación anterior, veamos un poco acerca de lo que se conoce como "Física de Sabores":

El hecho de haber sido hallado el bosón de Higgs, marcó un hito en la historia de la Física de Partículas. Esto no es sólo porque el Higgs sea la última pieza del Modelo Estándar de la Física de Partículas que quedaba por descubrir, sino también por su importante papel en el mecanismo por el cual las partículas elementales adquieren su masa. Es un hecho aceptado que sin el Higgs, las partículas no tendrían masa, y no se podrían explicar numerosos fenómenos de la Naturaleza.

Ahora bien, pese a la gran importancia de este descubrimiento, haber encontrado el bosón de Higgs no implica que se hayan resuelto todas las interrogantes con respecto al Modelo Estándar. Experimentalmente se sabe que el quark más masivo, el quark Top, es unas 70.000 veces más pesado que el más ligero, el quark Up. El origen de esta gran diferencia constituye uno de los misterios del Modelo Estándar que aún no se han podido resolver. La parte de la Física de Partículas que trata de entender éste, y otros misterios parecidos, es conocida como Física de Sabores.

Cuando uno escucha por primera vez acerca de la Física de Sabores como una parte de la Física de Partículas no es raro que surja cierta confusión. Por ejemplo, es habitual expresar que los quarks tienen distintos sabores, a pesar de que estemos hablando de partículas subatómicas, y no de cosas que nos saboreamos en la boca. Cuando hablamos del sabor que tiene una partícula, sólo estamos haciendo un símil con nuestras experiencias en la vida cotidiana.

Por ejemplo: supongamos que tenemos ante nosotros dos caramelos que tienen el mismo tamaño, forma y color, igual tacto y no poseen olor. En un principio, diríamos que estos dos caramelos son idénticos. Sin embargo, cuando los metemos en nuestra boca, descubrimos que en realidad no son iguales: sus sabores son completamente diferentes. Habíamos pensado que eran objetos idénticos porque los habíamos analizado con los sentidos de la vista, tacto y olfato, y no habíamos utilizado el sentido del gusto.

El concepto de sabor en la Física de Partículas va un poco en la línea de esta sencilla comparación. Las partículas elementales tienen algunas propiedades que son muy directas de analizar, pero hay otras propiedades que no son tan evidentes. De esta manera, al igual que con los caramelos de antes, podemos pensar que dos partículas son idénticas, cuando en realidad no lo son: es allí cuando se dice que tienen distinto sabor.

Para ilustrar esto de forma más precisa volvamos al ejemplo de los quarks Top y Up que mencionamos antes. Si no fuera por su masa, serían partículas idénticas: tienen las mismas cargas eléctricas, las mismas reacciones ante las fuerzas nuclear fuerte, y nuclear débil, y tienen el mismo espín. Además, el mecanismo que les suministra masa a ambas, es el mismo: el mecanismo de Higgs. Sin embargo, por algún motivo, el bosón de Higgs influye en forma distinta sobre ambas partículas, y de esto resulta que una de las partículas presenta mayor masa que la otra. En la jerga de la Física de partículas, se dice que esto es así porque el Top y el Up tienen distintos sabores, y el Higgs distingue entre ambos. En general, llamamos Física de sabores a todos aquellos fenómenos que distinguen entre partículas que son "muy parecidas". El conjunto de todos estos fenómenos que distinguen el "sabor de una partícula", describe en gran medida, la complejidad que posee el Modelo Estándar de Partículas como teoría.

Nombre	familia	Masa	sabor	Carga	Espín
Arriba (Up) **u**	1a	1,5 —4,0	I_z +1/2	+2/3	+1/2
Abajo (Down) **d**	1a	4 — 8	I_z -1/2	-1/3	-1/2
Extraño (Strange) **s**	2a	80 — 130	-1	-/3	-1/2
Encantado (charm) **c**	2a	1150 — 1350	1	+2/3	+1/2
Fondo (Bottom) **b**	3ª	4100 — 4400	-1	-1/3	+1/2
Cima (Top) **t**	3ª	170.800	1	+2/3	+1/2

Tabla de propiedades de los quarks.

Así mismo, el color de un quark no tiene nada que ver con la percepción de la frecuencia de la luz; el color es la carga envuelta en la teoría de Gauge, más conocida como Cromodinámica Cuántica. Los quarks, al ser fermiones, deben seguir el "principio de exclusión de Pauli". Este principio implica que los tres quarks de un barión deben estar en una combinación antisimétrica. Esto significa que existe otro número cuántico interno. A esta propiedad, o número cuántico, se le denominó color. Los quarks tienen tres colores, análogo con los tres colores fundamentales rojo, verde y azul.

INTRODUCCIÓN AL ENLACE QUÍMICO

Básicamente hay dos tipos de hadrones: los bariones que están constituidos por tres quarks cuyos ejemplos típicos son los neutrones y los protones (también llamados nucleones), y los mesones, que están formados por un quark y un antiquark (ejemplo: los piones). Así, los protones están formados por dos quarks Up y un quark Down, mientras que los neutrones están constituidos por un quark Up y dos quarks Down. Este punto no será discutido en el presente trabajo.

Todo lo que tiene masa, por pequeña que sea, ejerce una fuerza de gravedad. En el Cosmos, la materia se atrae por esa gravedad. La materia se agrupa y forma desde las pequeñas moléculas hasta los planetas, las estrellas y los grandes cúmulos galácticos. La gravedad mantiene unida la materia. Aún así, la mayor parte de la materia no se concentra en las galaxias, sino en los inmensos espacios intergalácticos. La porción de la materia que podemos ver representa sólo el 5% de la composición total del Universo (aproximadamente). La materia visible se llama materia ordinaria o materia bariónica.

La materia bariónica está formada por átomos. Puede estar en cuatro estados: sólido, líquido, gaseoso y plasma. Las variedades pasan de un estado a otro al ganar o perder energía en forma de calor. La mayor parte de la materia visible del Universo está en forma de plasma, que es el que forma las estrellas.

En el Universo hay otro tipo de materia, que no podemos ver. Es la materia oscura o invisible. La cuarta parte del Universo conocido es materia oscura, aunque algunas fuentes calculan que lo es hasta un 80%. Esto significa que hay mucha más cantidad de materia oscura que de materia visible. La materia oscura no emite ni refleja ningún tipo de luz. No desprende ningún tipo de radiación, ni visible ni invisible. Por eso no podemos verla. Pero sabemos que existe porque emite gravedad, y ésta es detectada gracias a la tecnología moderna. Su fuerza gravitacional es tan grande que mueve los grandes cúmulos galácticos. La composición de la materia oscura sigue siendo un misterio. Aunque se cree que podría estar formada por neutrinos y otras partículas aún desconocidas.

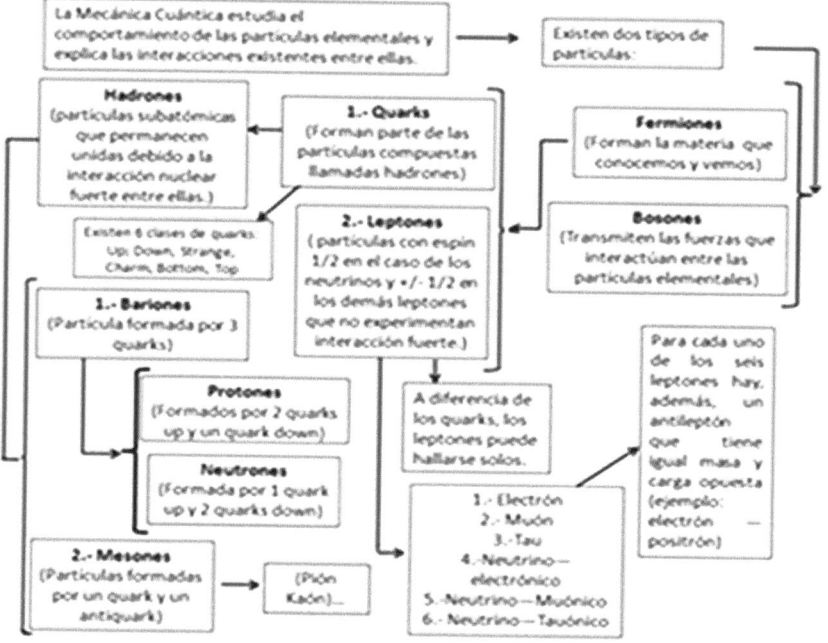

Fig. 1.3.1.- Composición resumida del Universo

1.2.- Los electrones.

El electrón es una partícula elemental estable cargada negativamente que constituye uno de los componentes fundamentales del átomo. Forma parte del grupo de los leptones. La carga eléctrica de un electrón es de 1.60×10^{-19} C y su masa es de 9.11×10^{-31} kg, (aproximadamente 1.800 veces menor que la masa del protón o la del neutrón). Como podemos ver, su masa es prácticamente insignificante comparada con la de éstas partículas.

Los electrones giran alrededor del núcleo atómico formando capas esféricas de diversos radios. Estas capas, que son zonas restringidas para el movimiento electrónico, reciben el nombre de orbitales atómicos y poseen contenidos de energía muy específicos. Cuanto más grande sea el caparazón esférico donde puede girar un electrón, mayor será su contenido de energía, y por ende mayor será la energía de los electrones allí contenidos. Los orbitales atómicos son como las rutas aéreas de los aviones que, aunque invisibles, están fijadas para evitar colisiones. Cuanto más

INTRODUCCIÓN AL ENLACE QUÍMICO

alejados están del núcleo, los orbitales atómicos ocupan más espacio. El electrón es una partícula elemental, lo cual significa que no posee ningún tipo de subestructura.

Desde el punto de vista de las reacciones químicas, los electrones son las partículas más importantes, ya que los átomos forman moléculas y compuestos intercambiando o compartiendo electrones. A su vez, las moléculas experimentan reacciones químicas mediante este mismo procedimiento de intercambio o compartición de electrones. En los conductores eléctricos, por ejemplo, los flujos de corriente están constituidos por el movimiento de los electrones de los átomos que constituyen el bloque conductor. Estos electrones circulan de forma individual de un átomo a otro, en la dirección que va desde el polo negativo, al polo positivo del conductor eléctrico. En los materiales semiconductores, la corriente eléctrica también se produce gracias al movimiento de los electrones libres.

Los átomos de un mismo elemento contienen un número fijo de protones en su núcleo, pero pueden presentar variaciones en el número de neutrones. Los elementos que tienen igual número de protones en su núcleo, pero que difieren en el número de neutrones, se denominan isótopos. La gran mayoría de los 119 elementos conocidos, están formados por átomos con diferentes masas. A los átomos que pierden o captan electrones, se les llaman iones. Cuando pierden electrones se convierten en iones con carga positiva llamados cationes. Cuando los átomos ganan electrones, se convierten en iones con carga negativa y se les denomina aniones

Los elementos de la naturaleza se ordenaron, desde hace ya unos cuantos décadas, en familias o grupos de elementos donde se puede observar una variación muy regular de sus propiedades más importantes. El resultado fue el nacimiento de La Tabla Periódica de los Elementos, que es la forma en que se clasifican, organizan y distribuyen los átomos de los distintos grupos o familias, conforme a sus propiedades químicas características (ver página 193). Su función principal es establecer un orden específico agrupando elementos de acuerdo a una variación regular de sus propiedades.

Como vimos antes, los átomos están constituidos por un núcleo donde se concentran los protones (partículas con carga positiva) y los neutrones (partículas de carga cero), y girando alrededor del núcleo, se ubican los electrones (partículas de carga negativa) ocupando las distintas capas electrónicas de los átomos. Cada una de las capas electrónicas – también llamados niveles de energía– tiene una determinada capacidad para acomodar un número limitado de electrones. Así, en la primera capa, (K), se pueden acomodar hasta 2 electrones. En la capa (L), o segundo nivel de energía, se pueden acomodar hasta 8 electrones. En el tercer nivel de energía, (capa M), se pueden alojar hasta 18 electrones y así, sucesivamente. Mientras más alejada del núcleo se encuentre una capa electrónica, mayor es el número de electrones que podrían ocupar dicha capa.

La relación **$2n^2$**, indica el número máximo de electrones que pueden ubicarse en cada una de las capas o niveles de energía del átomo (**n** indica el nivel o capa electrónica). Así mismo, las capas electrónicas donde se ubican estos electrones, se caracterizan por contener, asociado, cierto nivel de energía. Así, un electrón del segundo nivel cuántico, tendrá una cantidad de energía asociada menor que un electrón que esté en el quinto nivel cuántico. De igual manera, un electrón de la cuarta capa, tendrá asociado un contenido energético mayor que un electrón que se encuentre en la segunda capa o segundo nivel de energía, y así sucesivamente.

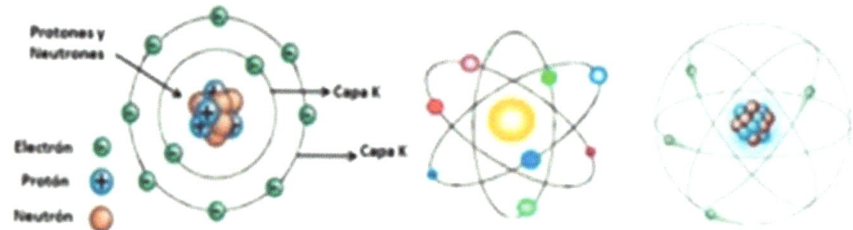

Fig.1.4.- Configuración del gas inerte Ne (Z = 10)   Fig. 1.5.- Otras formas de representar el átomo

Sabemos que el átomo de Neón, por ejemplo, presenta sólo dos capas: K y L, y ambas están llenas. Por lo tanto, el Ne es una especie químicamente inerte. La distribución electrónica del neón (Z = 10) es 2—8.

INTRODUCCIÓN AL ENLACE QUÍMICO

2.- TEORÍA DE LA REPULSIÓN DE LOS PARES DE ELECTRONES DE LA CAPA DE VALENCIA

Tal vez en el futuro sea posible describir todas las moléculas utilizando una sola teoría de enlace químico que sea amplia y sencilla. Pero por ahora, debemos conformarnos con lo que tenemos a nuestro alcance. A grandes rasgos, los diferentes tipos enlaces químicos se pueden clasificar en los siguientes tipos: Iónico o Electrovalente, Covalente, Metálico, Molecular y de hidrógeno.

Cuando los átomos reaccionan entre sí para formar compuestos, se genera una fuerza de atracción lo suficientemente fuerte para mantenerlos unidos. Esta fuerza de unión es lo que se conoce como enlace químico y es de variada naturaleza.

El enlace químico se verifica entre los electrones que ocupan las últimas capas electrónicas de los átomos que se combinan y reciben el nombre de "electrones de valencia". Éstos se caracterizan por estar más alejados del núcleo atómico, lo que les hace estar más expuestos a alteraciones al entrar en contacto con los electrones de valencia de otros átomos. En primera instancia, estas alteraciones pueden ocurrir por la pérdida, ganancia o compartición de electrones.

La Teoría de la Repulsión de los Pares de Electrones de la Capa de Valencia (T.R.P.E.C.V.), está basada en la idea de que la geometría de una molécula, o ion poliatómico del tipo AB_n –donde A es el átomo central y B son los átomos periféricos o ligandos– está condicionada principalmente por la repulsión de tipo coulombiana entre los pares de electrones de la capa de valencia alrededor del átomo central. La geometría molecular predicha es aquella que proporciona a los pares de electrones de la capa de valencia, una disposición espacial que les permita disminuir su contenido energético y alcanzar así su estabilidad termodinámica. Determina, además, muchas de las propiedades de las moléculas, como son la reactividad, polaridad, fase, color, magnetismo, actividad biológica, etc.

Los pares de electrones, dependiendo de si forman parte, o no, de un enlace, pueden ser de dos tipos: pares de electrones de enlace y pares de electrones libres o no enlazantes. Existen tres tipos de interacciones repulsivas entre los pares de electrones de una molécula, cada una con un determinado valor de intensidad energética. Ordenadas de mayor a menor repulsión, las interacciones posibles son:

La repulsión par no enlazante - par no enlazante (PNE-PNE).

La repulsión par no enlazante - par enlazante (PNE-PE).

La repulsión par enlazante - par enlazante (PE-PE).

Teniendo en cuenta esta división en dos clases de pares, cualquier molécula de este tipo se puede expresar en la forma ABeEa, donde "e" es el número de pares enlazantes y "a" es el número de pares de electrones no enlazantes.

La repulsión entre el par no enlazante - par no enlazante (PNE-PNE) se considera más fuerte que la repulsión par no enlazante - par enlazante (PNE-PE), la cual es a su vez más fuerte que la repulsión par enlazante - par enlazante (PE-PE). Entonces, el ángulo que formen dos pares enlazantes será más pequeño que el formado por los pares (PNE-PE) y este a su vez más pequeño que el formado por los pares (PNE-PNE).

En este sentido, la teoría concuerda bastante bien con los datos experimentales. La explicación para justificar una mayor intensidad en la interacción PNE-PNE, y por tanto un ángulo de apertura mayor que en las demás interacciones, se basa en la mayor dispersión de la nube electrónica de los electrones alojados en los orbitales que no se enlazan.

Por ejemplo, una molécula con un átomo central que cumpla la regla del octeto tendrá cuatro pares de electrones en su capa de valencia. Si los cuatro pares son enlazantes, los átomos enlazados se dispondrán en los vértices de un tetraedro regular y su ángulo de enlace será de 109,5°.

Ejemplos.-

El metano, (CH_4), es tetraédrico porque dispone de cuatro pares de electrones. Los cuatro átomos de hidrógeno están posicionados en los vértices de un tetraedro, y el ángulo de enlace es de 109.5°. Es una molécula del tipo AB_4. (A es el átomo central y B representa a los otros átomos.)

INTRODUCCIÓN AL ENLACE QUÍMICO

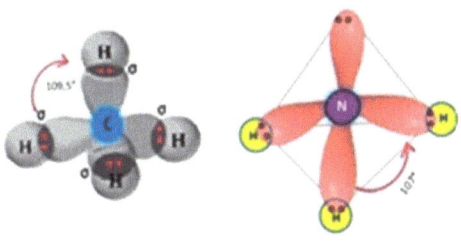

Fig. 2.1.- Moléculas de metano y Amoniaco

El nitrógeno del amoníaco, (NH_3), tiene tres pares de electrones que utiliza en los enlaces, pero también presenta un par de electrones libres. Ese par libre no está unido a ningún otro átomo, pero aun así influye en la geometría molecular a causa de una fuerte repulsión electrostática. Al igual que en el metano, hay cuatro regiones de alta densidad electrónica, entonces, la orientación general de las regiones de densidad electrónica debería ser tetraédrica. Pero, como en el NH_3 solo hay tres átomos de hidrógeno enlazados, entonces, es una molécula del tipo AB_3E, donde el par de electrones libres es representado por la letra E. La molécula adquiere la forma de una pirámide trigonal, ya que, aunque el par libre no sea "visible", su acción se hace sentir en la geometría molecular al afectar la disposición espacial de los otros enlaces. La geometría de una molécula se obtiene a partir de la relación espacial de los átomos, tomando en consideración que pueda ser afectada por los pares de electrones libres no compartidos.

Debido a la mayor repulsión ejercida por el par de electrones libres no compartidos del N, el ángulo H-N-H del amoniaco es menor que el ángulo de enlace H-C-H predicho para el metano que es de 109,5º.

Para aplicar las reglas de T.R.P.E.C.V., hay que determinar el número de electrones de la capa de valencia del átomo central. Para ello se siguen los siguientes pasos:

1.- Se determina el número de pares de electrones disponibles. Para ello se contabilizan los electrones de las capas de valencia de los átomos de la molécula.

2.- Se dibujan las posibles estructuras moleculares atendiendo al cumplimiento de la regla del octeto y minimizando la repulsión entre los pares electrónicos, según el orden comentado anteriormente.

Ejemplos: Veamos la geometría molecular de las moléculas de CO_2, H_2O, SF_4, BrF_3, ICl_2^-, NH_3.

.- Para la molécula de CO_2:

Nº de electrones disponibles: 4 e⁻ provenientes del carbono + 6 x 2 e⁻ aportados por los dos oxígenos = 16 e⁻ = 8 pares de e⁻

Estructura de Lewis:

$$:\!\ddot{O}=C=\ddot{O}\!:$$

Para minimizar las interacciones, los pares de e⁻ de los enlaces dobles se disponen en forma lineal, formando un ángulo de 180° entre ellos.

.- Para la molécula de H_2O:

Nº electrones disponibles: 6 e⁻ aportados por el átomo de oxígeno + 2 x 1 e⁻ aportados por los hidrógenos = 8 e⁻ = 4 pares de e⁻.

Estructura de Lewis:

$$H-\ddot{\underset{..}{O}}-H$$

El átomo central presenta dos pares de electrones de enlace y dos pares de electrones no compartidos. Para cuatro pares de e⁻, la estructura molecular debería ser tetraédrica, pero la geometría de la molécula es angular, debido a la compresión que los pares de e⁻ libres ejercen sobre los dos enlaces H–O.

.- Para la molécula de SF_4:

Nº electrones = 6 e⁻ aportados por el azufre + 4 x 7 e⁻ provenientes de los 4 átomos de flúor = 34 e⁻ = 17 pares de e⁻.

Estructura de Lewis:

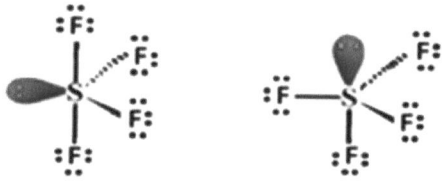

Cuando aparezca más de una geometría posible, se evalúan las

INTRODUCCIÓN AL ENLACE QUÍMICO

interacciones entre los pares de enlace. Como podemos ver, alrededor del átomo central hay 5 pares de e–, de los que cuatro son de enlace y uno de no enlace (o no compartido). Para cinco pares de e–, la geometría deriva en una bipirámide trigonal. En este caso existen dos posibles ubicaciones de los pares de electrones:

Vemos que la geometría de la izquierda presenta 2 interacciones de tipo par no enlazante (PNE) — par enlazante (PE), a 90º y otras dos a 120º. Mientras que la alternativa de la derecha presenta tres interacciones PNE — PE a 90º y una PNE— PE a 180º. Obviamente, las más importantes son las que involucran al par no enlazante, PNC, y como la segunda alternativa presenta 3 interacciones con el menor ángulo, esta estructura resulta la menor estabilidad. Así pues, la geometría definitiva de la molécula de SF_4 es la que presenta la distribución de pares de electrones de la figura de la izquierda.

.- **Para la molécula de BrF₃:** El número de electrones disponibles son: 7 e⁻ aportados por el átomo de Br + 3 x 7 e⁻ provenientes de los 3 átomos de flúor = 28 e⁻= 7 pares de e⁻.

Estructura de Lewis:

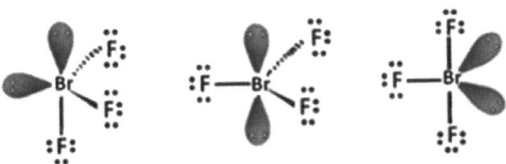

En esta ocasión, existen 5 pares de electrones alrededor del átomo central, de los cuales 3 son de enlace y 2 de no enlace. Para cinco pares, la geometría resultante deriva en una bipirámide trigonal, y son tres las posibles distribuciones de esos cinco pares:

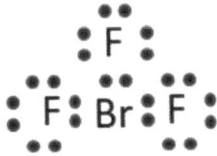

Las repulsiones en cada estructura son: 6 PNE—PE 90º; 3 PNE—PE 90º; 4 PNE—PE 90º; 1 PNC-PNC 120º. Por lo tanto, la geometría más favorable es la de la derecha, de donde se deriva que la estructura de esta molécula se muestra en la figura anterior.

Geometría ideal de la molécula de BrF$_3$

.- **Para la molécula de NH$_3$:** El número de electrones disponibles son: 5 e$^-$ aportados por el átomo de nitrógeno + 3 x 1 e$^-$ aportados por los átomos de H = 8 e$^-$ = 4 pares de e$^-$.

Estructura de Lewis:

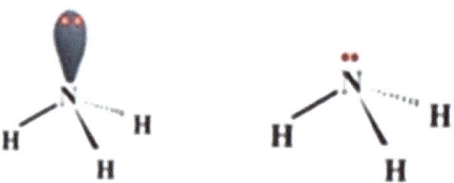

Para los cuatro pares de electrones (3 PE y 1 PNC) sólo existe la distribución tetraédrica, lo que conduce a una geometría molecular de pirámide trigonal:

Como pudimos observar en los ejemplos presentados, los pares de electrones (compartidos y no compartidos) tienden a situarse en aquellas posiciones que minimicen las repulsiones entre ellos. Las geometrías ideales son:

.-Para 2 pares de electrones: lineal

.- Para 3 pares de electrones: trigonal (AB$_3$ o Ab$_2$E

.- Para 4 pares de electrones: Tetraédrica (AB$_4$ o AB$_3$E)

.- Para 5 pares de electrones: Bipirámide trigonal (AB$_5$ o AB$_4$E

.- Para 6 pares de electrones: Octaédrica (AB$_6$ o AB$_5$E)

Una de las críticas que ha recibido la T.R.P.E.C.V., es que es un método limitado sólo a la obtención cualitativa de las geometrías moleculares de las moléculas y de iones poliatómicos covalentes.

INTRODUCCIÓN AL ENLACE QUÍMICO

3.- EL ENLACE METÁLICO

El enlace metálico es la fuerza que mantiene unidos a los átomos en una sustancia metálica. En la mayoría de los casos, la capa de electrones más externa de cada uno de los átomos metálicos, se superpone con una gran cantidad de átomos que se encuentran alrededor. Como consecuencia, los electrones de valencia se mueven continuamente de un átomo a otro y no están asociados con ningún par específico de átomos. En otras palabras, a diferencia de los electrones que intervienen en las sustancias unidas por enlaces covalentes, los electrones de valencia en metales, no son localizados. Por el contrario, son capaces de vagar en forma relativamente libre a lo largo de todo el cristal. Los átomos que pierden sus electrones se convierten en iones positivos, y la interacción entre tales iones y los electrones de valencia, da lugar a la fuerza cohesiva o vinculante que mantiene unido el cristal metálico. El enlace metálico es un enlace fuerte, primario, que se forma entre elementos de la misma especie, o muy parecidos. Este enlace se produce cuando se combinan átomos de elementos metálicos entre sí; es decir, elementos de electronegatividades bajas y con pocas diferencias entre ellos.

Los metales son los mejores conductores de la electricidad debido a que tienen muchos electrones libres en su estructura atómica; lo contrario pasa con los materiales aislantes que no tienen electrones libres o apenas tienen pocos. La mayor o menor cantidad de electrones libres en la estructura de un átomo, es lo que determina que los materiales tengan propiedades que los clasifican como conductores, aislantes, semiconductores y hasta superconductores.

3.-1.- Estructura de los sólidos metálicos

Los átomos de los metales se agrupan de forma muy estrecha, lo que produce estructuras muy compactas. Se establecen estructuras tridimensionales tales como la clásica de empaquetamiento compacto de esferas (hexagonal compacta), cubica centrada en las caras o la cubica centrada en el cuerpo. En estas especies formadas por redes compactas, los núcleos quedan rodeados por nubes de electrones. En este tipo de estructura, cada átomo metálico puede quedar rodeado hasta por otros doce átomos (seis en el mismo plano, tres por encima, y tres por debajo).

Además, debido a la baja electronegatividad de los metales, los electrones de valencia son transferidos fácilmente desde sus orbitales y tienen la capacidad de moverse libremente a través del compuesto metálico, lo que otorga a éste las propiedades eléctricas y térmicas conocidas. Este enlace sólo puede presentarse en sustancias en estado sólido. Los elementos que presentan enlace metálico comparten un gran número de electrones de valencia, que forman un mar de electrones rodeando un enrejado gigante de cationes.

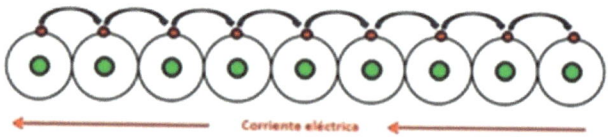

Fig. 3.1.- Corriente eléctrica en un conductor metálico.

3.2.- Propiedades de los metales.

Un metal típico se caracteriza por ser un buen conductor de calor y de electricidad, ser maleable, dúctil, de apariencia lustrosa, generalmente sólido, con alto punto de fusión y baja volatilidad.

Brillo: Los metales reflejan el haz de luz. Al no estar enlazados a ningún átomo, los electrones no están limitados en su capacidad de absorber fotones de luz visible. Los electrones de la superficie son capaces de irradiar luz de la misma frecuencia que la luz incidente. Esta es la fuente de su brillo metálico

Por efecto de una presión externa, se puede desplazar una capa de iones metálicos, pero la estructura interna permanece inalterada y el mar de electrones se reajusta rápidamente: Esto explica las propiedades de maleabilidad y ductilidad. Maleabilidad es la capacidad de formar láminas, mientras que la ductilidad es la capacidad para ser estirados formando hilos delgados.

Conductividad térmica: conducen el calor, por eso son fríos al tacto.

INTRODUCCIÓN AL ENLACE QUÍMICO

Conductividad eléctrica: Es el movimiento ordenado de electrones bajo la influencia de un campo eléctrico. Los electrones no están unidos a ningún ion particular y presentan alta movilidad. Esto explica la conductividad eléctrica.

Las propiedades físicas de los metales, principalmente la conducción de electricidad, pueden ser explicadas por el enlace metálico, fenómeno que a su vez se explica mediante dos teorías: la teoría del mar de electrones y la teoría de bandas.

El enlace metálico es un enlace covalente que tiene características muy particulares. Se dice que dos elementos tienen la condición propicia para formar un enlace covalente, cuando las energías de sus orbitales de valencia son razonablemente similares, y sus orbitales pueden entrelazarse formando una nueva región entre los núcleos de los átomos donde el contenido energético será menor que el de los orbitales de valencia de los átomos separados. Esa región de baja energía, será el orbital enlazante, en la que se ubicará el par de electrones que hará posible la formación del enlace covalente, uniendo los dos elementos en una nueva molécula.

De acuerdo a los postulados de la Mecánica Quántica, cada vez que se crea una región de baja energía debido al entrelazado de los orbitales de valencia de dos átomos diferentes, también se crea una región de alta energía que se conoce como orbital molecular antienlazante. Con preferencia, los electrones se ubicarán en las regiones espaciales de baja energía.

Para tener una idea de cómo quedan las cosas, podemos imaginar los orbitales atómicos de dos átomos de hidrógeno y sus electrones $1s^1$, aproximándose entre sí. Cuando ellos se mezclan, el producto resultante son dos orbitales moleculares, uno de baja energía, y otro, con mayor contenido energético. El par de electrones se ubicará en el orbital de baja energía, y será responsable por mantener los dos átomos de hidrógeno enlazados, formando la molécula de hidrógeno. En este caso no hay electrones para ocupar el orbital de alta energía. Ahora podemos trasladar esta situación al caso general de un metal de la siguiente manera:

La estructura de un metal es fácil de ser visualizada: basta pensar en una pila de naranjas cuidadosamente acomodadas en un escaparate de un supermercado: esferas sobre esferas, en una pila densa. Podemos imaginar el arreglo como si fuese un conjunto de átomos del elemento densamente empaquetados.

Por simplicidad, tomemos como ejemplo el sodio. Cada átomo de sodio presenta un electrón de valencia **3s¹** para formar enlaces covalentes con los otros átomos de sodio del bloque metálico. El número de átomos de sodio es extraordinariamente grande, de tal forma que en un pedazo bien pequeño de metal, podemos pensar en millares de millones de pequeñas esferas empaquetadas unas junto a las otras. Por tanto, para formar un enlace químico, se puede contar con una enorme cantidad de orbitales **3s**; uno por cada átomo de sodio. En esta situación se producirán un número muy grande de orbitales moleculares. Si decimos que tenemos n átomos, entonces tendremos n orbitales moleculares enlazantes, y como contrapartida, otros n orbitales moleculares antienlazantes.

En el metal, los electrones de enlace ocuparán este mar de orbitales, dos electrones por orbital. Los orbitales antienlazantes (de mayor contenido de energía), estarán muy próximos (en términos de energía) de las regiones ocupadas por los orbitales enlazantes.

En esta situación, resulta muy fácil excitar un electrón residente en la frontera enlazante, para que –en estado excitado – pase a ocupar un orbital antienlazante y de ese modo atraviese todo el volumen del sodio, eventualmente reentrando en la capa de los orbitales enlazantes. Esto es lo que ocurre espontáneamente en un metal: Lo que hace posible que el límite superior de los orbitales moleculares ligantes de más alta energía, siempre estén medio llenos o medio vacíos, es la existencia de este sector. En otras palabras, esta franja es la responsable del flujo de electrones de un lugar a otro. Por eso es llamada "franja de conducción".

La presencia de esta franja de conducción es la que transforma los metales en buenos conductores de corriente eléctrica, y también es la responsable de la idea de que la ligadura metálica es originada por un océano de electrones envolviendo esferas positivamente cargadas. Esta es una de las particularidades más interesantes de los enlaces metálicos.

3.3.- Teoría del mar de electrones.

Debido a su baja energía de ionización, los metales tienden, a perder electrones con gran facilidad. Por tanto, podemos considerar un metal como un conjunto de cationes metálicos inmersos en un mar de electrones de valencia deslocalizados. La atracción electrostática entre la carga positiva del catión y la carga negativa de los electrones de los otros átomos, mantiene fuertemente unidos a todos los átomos del metal. La siguiente figura muestra un poco la idea del mar de electrones:

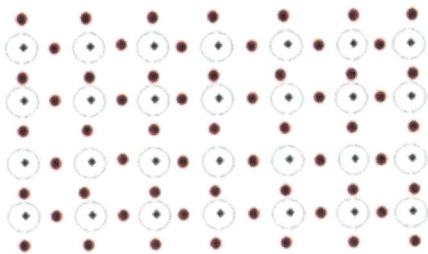

Fig.3.2.- Mar de electrones en el cuerpo metálico monovalente

Los electrones de valencia deslocalizados actúan como un pegamento electrostático, manteniendo unidos a los cationes metálicos. Es algo similar a lo que ocurre en el enlace iónico, donde ocurre una atracción catión-anión. En este caso, lo que ocurre es una atracción catión-electrón.

El modelo del mar de electrones explica de manera sencilla las propiedades de los metales. La ductilidad y maleabilidad se debe a que la deslocalización de electrones ocurre en todas las direcciones a manera de capas. Por tanto, ante una presión externa, estas capas electrónicas se deslizan unas sobre otras, sin que se rompa la estructura. Por otro lado, dado que los electrones son móviles, permiten el flujo de corriente eléctrica, explicándose la conductividad eléctrica. Asimismo, ese movimiento de electrones puede conducir calor, transportando energía cinética de una parte a otra del cuerpo metálico. Estas propiedades varían en intensidad de un elemento metálico a otro. A mayor cantidad de electrones de valencia que posea el metal, el pegamento electrostático será más fuerte. Esto explica el hecho de que un trozo de sodio metálico, Na ($3s^1$), pueda cortarse con un cuchillo, mientras que es imposible hacer lo mismo con un trozo de hierro, Fe ($3d^6\ 4s^2$).

3.4.- Teoría de Bandas.

En la Física del estado sólido, la Teoría de Bandas se utiliza para describir la estructura electrónica de un material como una estructura de bandas electrónicas, o simplemente estructura de bandas de energía. La

Teoría de Bandas se basa en el hecho de que los átomos que conforman un metal contienen orbitales atómicos, los cuales pueden estar semivacíos o semillenos. Si tenemos una gran cantidad de átomos muy juntos entre sí, la superposición de orbitales da lugar a regiones denominadas bandas.

Analicemos el caso de magnesio, un metal con número atómico 12. Su configuración electrónica es [Ne]$3s^2$, esto quiere decir que cada átomo tiene dos electrones de valencia ubicados en el orbital **3s**, quedando los orbitales del subnivel **3p** vacíos. Por tanto, al considerar el metal como muchos átomos de magnesio juntos, podemos imaginar la aparición de bandas, que no son otra cosa sino muchos orbitales superpuestos. Una banda, correspondiente a la superposición de los orbitales 3s, estará llena de electrones y se llamará "Banda de Valencia" (porque contiene los electrones de valencia), mientras que la banda formada por los orbitales del subnivel 3p está adyacente, pero vacía. Esta banda se denomina "Banda de Conducción".

En todo metal, las bandas de valencia y de conducción, están muy próximas entre sí, y la energía necesaria para que un electrón pase de la banda de valencia a la de conducción es despreciable. Para que un metal conduzca la corriente, debe ocurrir el salto de electrones de la banda de valencia a la banda de conducción.

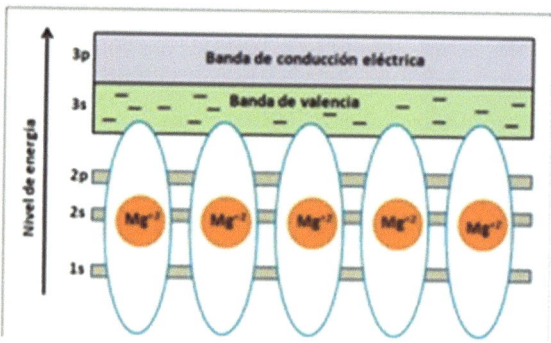

Fig. 3.3.- Banda de conducción eléctrica para el Magnesio

Sin embargo, hay algunos elementos de la Tabla Periódica que se comportan como materiales semiconductores. Estos elementos, bajo ciertas condiciones, son conductores de la corriente eléctrica y del calor. Un semiconductor es un elemento que se comporta como un conductor o como un aislante dependiendo de diversos factores, como por ejemplo el campo eléctrico o magnético, la presión, la radiación que le incide, o la temperatura del ambiente en el que se encuentre.

Ejemplo de semiconductores son el silicio (Si) y el germanio (Ge). También el Al, Ga, Cd, B, In, C, P. As, Sb, etc. Así mismo, otros elementos de la tabla periódica se comportan como aislantes, es decir, no conducen nunca la corriente eléctrica. Un ejemplo es el azufre (S).

En estos casos, es de esperar que la separación entre las bandas de valencia y de conducción sea mayor. En el caso de los semiconductores, la separación es apreciable, pero es posible que un electrón pase a la banda de conducción al aplicarle cierta energía. En el caso de los aislantes, este salto no es posible, dada la gran diferencia energética que hay entre ambas bandas.

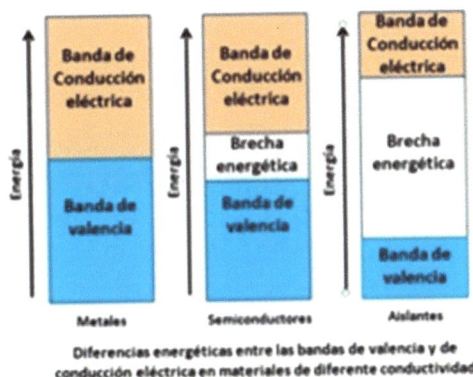

Fig. 3.4.- Bandas de valencia y de conducción eléctrica en materiales conductores y aislantes

3.5.- Dopaje.

Los semiconductores han ganado una gran importancia en los últimos tiempos, más aún con el desarrollo de la energía solar. Para la fabricación de semiconductores se utilizan elementos como el germanio (Ge), arseniuro de galio (GaAs) y el silicio (Si). Actualmente, el semiconductor más utilizado es el silicio, que es el elemento más abundante en la naturaleza después del oxígeno. El silicio constituye un 28 % de la corteza terrestre. Se encuentra en forma de dióxido de silicio y de silicatos complejos. Tal vez podamos cuestionar el uso del silicio, ya que sabemos que es un material que conduce poco la corriente eléctrica. No obstante, el silicio es un elemento vital para la industria electrónica debido a sus propiedades semiconductoras. Entre sus aplicaciones se destaca su uso en células o celdas fotovoltaicas, para la construcción de paneles solares o célula o celda fotovoltaica. El silicio también se utiliza para fabricar los conductores que son el alma de los celulares, los notebooks y las tablets.

Sabemos que un material semiconductor, por sí mismo, no tiene muchas aplicaciones, pero si se le incorporan ciertos átomos de otras sustancias, la conductividad de estos materiales mejora drásticamente. Recordemos que un material semiconductor conduce la corriente eléctrica por aplicación de energía, que bien puede provenir directamente del sol. Pero también, podemos mejorar la conductividad del semiconductor por un proceso denominado dopaje. El dopaje consiste en introducir impurezas dentro del semiconductor para modificar su comportamiento. Las impurezas en mención son pequeñas cantidades de otros elementos químicos. Estas cantidades son tan pequeñas, que puede existir un átomo de la impureza por cada cien millones de átomos del semiconductor.

En el caso del silicio, elemento del grupo IV de la Tabla Periódica, encontramos que si sustituimos un átomo de silicio por un átomo de fósforo, tendremos un electrón extra en la red metálica del silicio. Este electrón adicional puede moverse por toda la red y por lo tanto, conducir la corriente eléctrica. El proceso de añadir un elemento con un electrón de valencia extra al silicio, se denomina "dopaje negativo", ya que existe un exceso de electrones dentro de la red metálica. Recuerde que el fósforo es un elemento del grupo siguiente, –el grupo V–, por lo que tiene un electrón de valencia extra.

Por otro lado, la inserción de un átomo del grupo III dentro de la red del silicio, producirá un "hueco" dentro de la estructura, justo donde estaba el electrón del átomo de silicio extraído. Este "hueco" mejorará también la conductividad, ya que los electrones adyacentes pueden desplazarse hacia el hueco, originándose movimiento de electrones, lo cual es imprescindible para la conductividad. El proceso de añadirle al silicio un elemento con un electrón de valencia menos, se denomina "dopaje positivo", ya que en este caso hay un déficit de electrones con respecto al semiconductor de partida. Un ejemplo lo constituye el dopaje de silicio con boro.

INTRODUCCIÓN AL ENLACE QUÍMICO

4.- EL ENLACE IÓNICO

Cuando uno de los átomos que se combinan cede o pierde electrones de valencia y otro átomo los gana o capta, se dice que se forma un enlace iónico o electrovalente. Esta unión se establece entre iones: un catión que ha perdido electrones y un anión que los ha ganado. En este caso, los iones que interaccionan poseen cargas eléctricas opuestas y entre ellos se genera una atracción de carácter electrostático. Por lo tanto, el enlace iónico es la fuerza de atracción electrostática que mantiene unidos los iones de cargas opuestas formados por la transferencia de electrones desde un átomo a otro. El enlace iónico o electrovalente se establece entre átomos de elementos que presentan fuertes diferencias en sus electronegatividades. Es decir, entre átomos de elementos que tienen carácter electropositivo (metales), y átomos de elementos que poseen carácter electronegativo (no metales).

Los átomos como el sodio y el cloro, por ejemplo, pueden completar su octeto externo por transferencia de un electrón desde el sodio al cloro. El Sodio, al transferir su electrón de valencia al Cloro, se transforma en el ion Na^+, mientras que el Cloro al captar el electrón que aporta el Sodio, se convierte en el ion Cl^-. Entonces, entre ellos se establece una atracción de tipo electrostático, y se forma la molécula de NaCl.

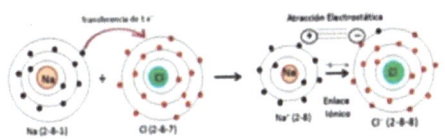

Fig. 4.1.- Formación del enlace iónico en la molécula de Cloruro de Sodio

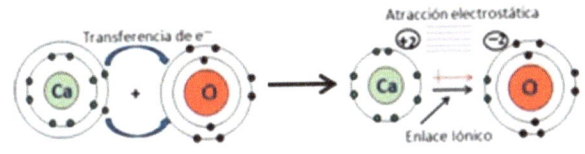

Fig. 4.2.- Formación del enlace iónico en la molécula de Óxido de calcio.

En la molécula de Cloruro de Magnesio, MgCl$_2$, se repite lo que ocurre en el NaCl, sólo que esta vez, el magnesio transfiere sus 2 electrones de valencia a dos átomos de cloro, adquiriendo finalmente, cada uno de ellos, la configuración electrónica de gas inerte.

Estas fuerzas de atracción, originadas por los iones cargados, actúan uniformemente en el espacio, sin dirección preferente; por eso, cada ion positivo tratará de rodearse de iones negativos por todos lados, y viceversa, formándose de esta manera la estructura cristalina. Dado que la fuerza electrostática actúa sobre el conjunto de átomos, no se puede observar una molécula aislada de cloruro de sodio, ni de ningún compuesto iónico, sino que las moléculas se disponen en una red sólida cristalina. En el caso de la sal común, esta red es cúbica, y se dispone de tal manera, que cada átomo de cloro queda rodeado de seis átomos de sodio, como se puede observar en la figura que sigue.

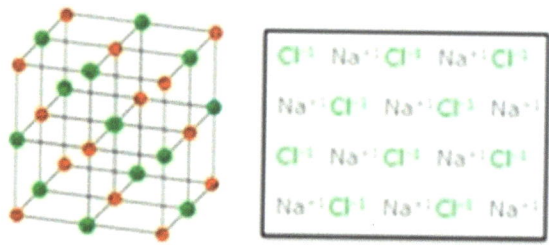

Fig.4.3.- Retículo cristalino del NaCl

Una de las formas más sencillas de entender el comportamiento químico de los elementos es a través de la Regla del Octeto. Esta regla, enunciada por Kossel y Lewis, sostiene que la tendencia de los átomos de los elementos del sistema periódico es completar sus últimas capas electrónicas con una cantidad de 8 electrones, de tal forma que éstos adquieren una configuración electrónica muy estable, que es semejante a la estructura electrónica de un gas inerte, o gas noble. Esta regla es muy útil para explicar cómo se forman los enlaces entre los distintos átomos. La naturaleza de estos enlaces, es decir, la forma en que se transfieren o comparten los electrones de las capas de valencia, determinará el comportamiento y las propiedades de las moléculas y de los compuestos. Estas propiedades dependerán del tipo de enlace, del número de enlaces por átomo, y de las interacciones electrostáticas que puedan establecerse entre los átomos participantes.

INTRODUCCIÓN AL ENLACE QUÍMICO

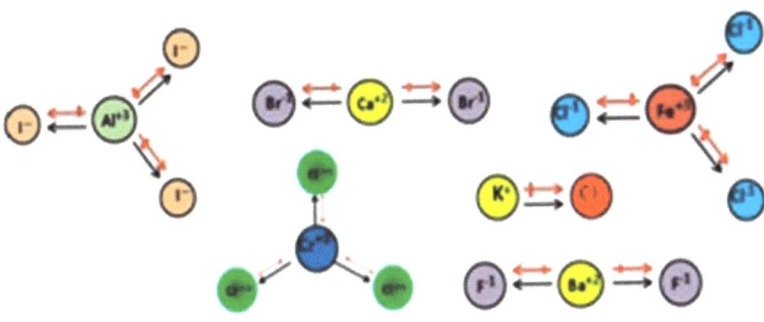

Fig. 4.4.- Representación de moléculas con marcado carácter iónico

Los gases inertes o gases nobles, son un conjunto de gases monoatómicos formado por He, Ne, Ar, Kr, Xe y Rn, que se caracterizan por su gran estabilidad química. Esto quiere decir que presentan la propiedad de que casi no reaccionan con ningún otro elemento. Y decimos "casi", porque hasta ahora, sólo se han podido sintetizar algunos pocos compuestos de Xenón y Kriptón en muy pequeñas cantidades, y en condiciones extremas; es decir, en condiciones de laboratorio sumamente difíciles. La baja reactividad de estos elementos, coincide con el hecho de que todos ellos, tienen ocho electrones en su capa de valencia, a excepción del He que tiene solo dos electrones. Básicamente, esta teoría sostiene la tesis de que los elementos químicos más comunes, es decir, los elementos típicos de la Tabla Periódica, alcanzan su estabilidad electrónica cuando adquieren la configuración electrónica de gas inerte.

Sólo unos pocos elementos alcanzan su estabilidad electrónica cuando, al transferir sus electrones de valencia, quedan con 2 electrones en su primera y única capa como es el caso del litio y del berilio. Se dice que cada uno de ellos alcanza la estructura electrónica del gas inerte Helio cuando reaccionan para formar los iones Li^{+1} y Be^{+2}. (Regla del Dueto).

La conformación electrónica de los gases inertes o gases nobles, es como sigue:

.- He: **2** (Una sola capa o nivel de energía): K

.- Ne: 2/**8** (Dos capas electrónicas o niveles de energía): K-L

.- Ar: 2/8/**8** (Tres capas electrónicas o niveles de energía): K-L-M

.- Kr: 2 / 8 18/ **8** (Cuatro capas electrónicas o niveles de energía): K-L-M-N

.- Xe: 2 / 8 / 18/ 18/ **8** (Cinco capas electrónicas o niveles de energía): K-L-M-N-O

.- Rn: 2 / 8 / 18 / 32 / 18 / **8** (Seis capas electrónicas o niveles de energía): K-L-M-N-O-P.

Cuando se menciona la capa de valencia, nos referimos a los electrones que se encuentran en los mayores niveles energéticos del átomo (es decir, en las capas más externas). Los "electrones de valencia", son los que intervienen en las interacciones del átomo con los átomos de los demás elementos de la naturaleza. En otras palabras, son los que presentan facilidad para formar enlaces. Los electrones son, en una primera instancia, las partículas que nos relacionan con el mundo que nos rodea.

Normalmente, un átomo mantiene una carga eléctrica neutra mientras no se altere el balance existente entre la cantidad de electrones (cargas negativas) presentes en la corona electrónica y la cantidad de protones (cargas positivas) contenidas en el núcleo. Sin embargo, ese balance se altera si excitamos el átomo mediante la aplicación de calor, luz, corriente eléctrica o por medio de una reacción química. A través de alguno de estos métodos, un átomo puede ganar o ceder uno o varios electrones de su última órbita y convertirse en un ion del mismo elemento químico.

Así, cuando el átomo cede, o pierde electrones, se convierte en un ion positivo o "catión" debido a que en esa situación la carga eléctrica positiva del núcleo supera a la carga negativa de los electrones que quedan girando en sus respectivas órbitas. Esto es característico de los elementos que presentan bajos potenciales de ionización.

En el caso contrario, cuando el átomo gana un electrón en la última órbita, se convierte en un ion negativo o "anión", pues en este caso la carga eléctrica negativa supera la carga positiva del núcleo. Este comportamiento es característico de los elementos que poseen una alta Afinidad Electrónica.

Al considerar la familia de los elementos alcalinos; litio, sodio, potasio, cesio, rubidio y francio, vemos que todos ellos se caracterizan por presentar un sólo electrón en la capa de valencia. Teóricamente, todos ellos deberían presentar aproximadamente las mismas propiedades: 1.- Tendencia predominante a transferir el electrón de su capa de valencia. (También, en condiciones extremas pueden ganar 7 electrones para su última capa y de este modo alcanzar la configuración electrónica del siguiente gas noble). 2.- Exhibir propiedades fuertemente metálicas:

INTRODUCCIÓN AL ENLACE QUÍMICO

sólidos, con brillo metálico, electropositivos, y muy reactivos.

En realidad, eso es lo que ocurre. Pero hay un detalle: las propiedades fisicoquímicas no son homogéneas en todos los miembros del grupo. Tales propiedades disminuyen paulatinamente en la medida que vamos bajando en el grupo. Los tres primeros elementos de la familia, litio, sodio y potasio, son extremadamente reactivos, electropositivos y además presentan fuerte carácter metálico. Mientras que en los tres últimos, cesio, rubidio y francio, estas mismas propiedades aparecen con menor fuerza e intensidad.

Igual sucede que los elementos del segundo grupo, la familia de los alcalino-térreos. Los tres primeros de la familia (berilio, magnesio y calcio) presentan mayor reactividad, mayor electropositividad, mayor carácter metálico que los 3 últimos elementos de la familia (estroncio, bario y radio). Recuerde que todos ellos presentan similares propiedades termodinámicas.

Si analizamos los grupos de elementos no metálicos, la familia de los halógenos, por ejemplo, (grupo VII: flúor, cloro, bromo, iodo y astato), vemos que todos ellos presentan similares propiedades termodinámicas. Todos ellos tienen 7 electrones en su capa de valencia. Todos ellos reaccionan de la misma manera: actúan preferentemente ganando 1 electrón para su capa de valencia (o perdiendo los 7 electrones de su última capa, aunque esto último es más difícil de lograr). También son muy reactivos y con fuertes propiedades no metálicas. Hasta aquí no hay ninguna contradicción con la realidad. Pero resulta que el flúor y el cloro son gases muy ligeros; los dos poseen fuerte carácter electronegativo y son extremadamente reactivos (ambos son extremadamente peligrosos para la salud del ser humano). Mientras que el bromo es líquido y el iodo es sólido. Por supuesto, ambos son menos reactivos que el flúor y el cloro; también son más densos y más pesados que los dos primeros miembros de la familia. Ambos son relativamente más fáciles de manejar en el laboratorio.

Estas diferencias existentes entre algunos elementos que pertenecen a la misma familia, se deben a que, en ocasiones, la atracción núcleo – electrón se superpone a la repulsión que las capas interiores ejercen sobre los electrones de las capas de valencia. Pero a veces, esta misma repulsión es más intensa que la atracción que ejerce el núcleo atómico sobre los electrones de valencia y hace que el átomo, o la molécula, se haga más reactivo.

Bajo la óptica del enlace iónico aplicada a los ejemplos que siguen a continuación, vemos que en la conformación de la molécula de $MgCl_2$, el Magnesio $(Z = 12)$, con una configuración electrónica 2/8/2, transfiere cada uno de sus dos electrones de valencia a dos átomos de Cloro $(Z = 17)$, cuya configuración es 2/8/7. El Magnesio alcanza su estabilidad electrónica quedando con una configuración parecida al del gas inerte Neón (2-8), mientras que los dos átomos de Cloro también se estabilizan electrónicamente logrando una configuración semejante a la del Argón (2-8-8). El enlace que se establece entre los tres átomos es de tipo iónico y su disposición espacial es lineal. El arreglo espacial más estable para el número de coordinación 2 es la lineal, ya que reduce al mínimo la repulsión entre los dos iones cloruros cargados negativamente. De esta manera, los dos átomos de Cloro se mantienen con la máxima separación posible entre ellos.

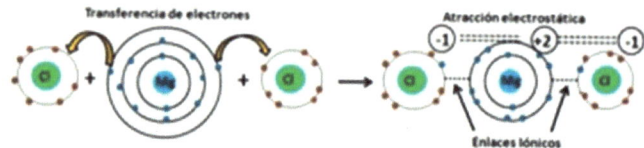

Fig. 4.2.- Formación de la molécula iónica de $MgCl_2$

Por su parte, el Boro($Z = 5$), transferiría cada uno de sus tres electrones de valencia, a tres átomos de Cloro. El Boro, al igual que el Berilio, alcanzaría la configuración del gas inerte He y se haría estable. Y cada uno de los tres átomos de Cloro tambien se harían estables al alcanzar la configuración electronica semejante a la del gas inerte Argón (2/8/8). La hipotética molécula de BCl_3 así formada, presentaría una geometría trianguilar plana, que permitiría que los átomos de cloro se mantuvieran lo más alejados posible unos de otros.

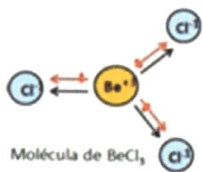

Molécula de $BeCl_3$

El factor tamaño determina la geometría de la estructura molecular, la cual está basada en el número de coordinación. La disposición espacial estable para el número de coordinación 3 es la triangular plana, ya que reduce al mínimo la repulsión entre los iones cloruros cargados negativamente. Como ya vimos antes, las disposiciones espaciales más

INTRODUCCIÓN AL ENLACE QUÍMICO

estables para los números de coordinación 4, 6 y 8, son la tetraédrica, la octaédrica y la cúbica, respectivamente.

Obviamente, no todas las moléculas pueden ser explicadas de una manera tan sencilla como los ejemplos que hemos analizado. Lo que estamos haciendo es simplificar las ideas para una mejor comprensión del lector. Los elementos de transición, por ejemplo, no pueden ser explicados de una manera tan sencilla.

Ahora analicemos algunos ejemplos:

Ejemplo 1.- Sabemos que el sodio (Z = 11), presenta un núcleo que contiene 11 protones y 12 neutrones (A = 23). El sodio también presenta 11 electrones que se ubican en las diferentes capas electrónicas o niveles de energía. La ubicación de estos electrones en sus respectivas capas o niveles de energía es: Na: **2-8-1**

El sodio es un elemento que contiene 1 electrón en su capa de valencia. Pero vemos que el segundo nivel de energía contiene 8 electrones. Es decir, si la tercera capa electrónica estuviese vacía, el átomo de sodio sería una especie química estable. Por lo tanto, para que el sodio se haga estable, necesita reaccionar con otros átomos, en una de las dos siguientes formas.

1.-1.- El átomo de sodio transfiere un electrón de su último nivel de energía adquiriendo la estructura electrónica del gas inerte Neón (**2-8**).

1.2.- El átomo de sodio también puede ganar 7 electrones en su última capa electrónica, adquiriendo la configuración del gas inerte Argón (**2-8-8**).

En ambos casos, al adquirir la distribución electrónica del gas inerte correspondiente, el átomo de sodio se hace químicamente estable. En condiciones normales de laboratorio, el sodio tiende a reaccionar tal como se explica en el primer caso. Esa es su forma más probable de reaccionar. La razón termodinámica es muy sencilla de comprender: para el sodio, liberar su electrón de valencia significa perder energía. Y mientras menos energía tenga un sistema, más estable es. Por el contrario, ganar 7 electrones para completar la última capa, significaría que el sodio tendría que aumentar su contenido energético y se haría extremadamente inestable.

En el primer caso, el sodio actúa como un elemento intensamente electropositivo, con fuerte carácter metálico. Sólido. Brillante.

Extremadamente reactivo, es decir, si entra en contacto con nuestra piel, es probable que terminemos lastimados. Si se le hace reaccionar con el agua, puede explotar y se incendiará. No se le puede dejar al aire porque se oxida rápidamente.

Al reaccionar, el átomo de sodio se transforma en el ion sodio con una carga neta de +1, es decir, se convierte en un catión.

$$Na_{(2-8-1)} \longrightarrow Na^{+1}_{(2-8)} + 1e^- - energía.$$

En el segundo caso, tenemos que si el sodio ganara o capturara 7 electrones de otro elemento, con el suyo propio, completaría 8 electrones en su capa de valencia y también debería hacerse estable, pues adquiriría la configuración del gas inerte Argón (**2-8-8**). En este caso, el sodio actuaría como un elemento electronegativo, poco reactivo y con bajo carácter no metálico. El problema es que lograr esto, sería muy difícil. Para que el sodio reaccione de esta forma, sería necesario que absorbiera una enorme cantidad de energía y esto formaría una especie química sumamente inestable.

2.- Veamos otro ejemplo:

El magnesio (Mg), el doceavo elemento de la Tabla Periódica. Su configuración electrónica es: Mg: **2-8-2**

El magnesio en su tercer nivel de energía tiene 2 electrones solamente. El nivel de energía anterior contiene 8 electrones. Es decir, esa capa está llena. De nuevo se presenta la misma situación anterior. Note que si la tercera capa estuviese vacía, el átomo de magnesio también sería un elemento muy estable y por lo tanto no necesitaría reaccionar con ningún otro átomo. Por consiguiente, para que el magnesio se haga electrónicamente estable, también debe reaccionar en una de las dos formas siguientes:

1.- El átomo de magnesio transfiere los 2 electrones de su último nivel de energía, adquiriendo la configuración del gas inerte Neón (**2-8**), y alcanzando, en consecuencia, su estabilidad química. Así**:**

$$Mg_{(2-8-2)} \longrightarrow Mg^{+2}_{(2-8)} + 2e^- - energía$$

2.- El átomo de magnesio también puede ganar 6 electrones para su última capa electrónica, la que, junto a sus 2 electrones originales, lograría un total de 8 electrones, adquiriendo así la estructura electrónica del gas

INTRODUCCIÓN AL ENLACE QUÍMICO

inerte Argón (**2-8-8**), y haciéndose, electrónicamente estable.

En ambos casos, el magnesio, al adquirir configuración del correspondiente gas inerte, logra su máxima estabilidad química. Por supuesto, la primera forma de reacción es la más probable que ocurra, ya que, de nuevo, es más fácil ceder 2 electrones, que ganar o adquirir 6 electrones. Para que se cumpla la otra opción, tendríamos que aplicar una gran cantidad de energía para obligar al magnesio a aceptar 6 electrones. Pero esto no ocurre naturalmente. En el primer caso, el magnesio actúa como un elemento electropositivo, con fuerte carácter metálico, sólido, brillante, muy reactivo; pero no tan reactivo, ni tan peligroso como el sodio. Con el agua y con el aire, el magnesio también se oxida, pero lo hace lentamente. En el segundo caso, el magnesio deberá absorber una enorme cantidad de energía y se haría extraordinariamente inestable. También su comportamiento cambiaría pues actuaría como un elemento no metálico, es decir, electronegativo. Pero al igual que ocurre con el sodio, lograr que el magnesio reaccione de esa forma, sería extraordinariamente difícil. De nuevo, el producto logrado sería una especie extremadamente inestable.

Los elementos alcalinos –grupo IA de la Tabla Periódica– son los que tienen menor energía de ionización en relación al resto de elementos de sus respectivos periodos. Ello es por sus configuraciones electrónicas más externas, ns^1, que facilitan la eliminación de ese electrón poco atraído por el núcleo, ya que las capas electrónicas inferiores a **n**, ejercen su efecto pantalla entre el núcleo y el electrón considerado. La cantidad de energía que es necesario suministrar al sodio y al magnesio para arrancar sus respectivos electrones de valencia, se denomina "Energía de Ionización".

El sodio tiene mayor carácter electropositivo y mayor carácter metálico que el magnesio. Para que cualquiera de ellos cambie su comportamiento fisicoquímico, debe ser sometido a duras condiciones experimentales. Lo que ocurre con el sodio y con el magnesio, ocurre con casi todos los demás elementos metálicos de la naturaleza.

Li (**2-1**) + energía ⟶ Li^{+1} + 1e$^-$ // F (**2-7**) + 1e$^-$ ⟶ F^{-1} (**2-8**) + energía

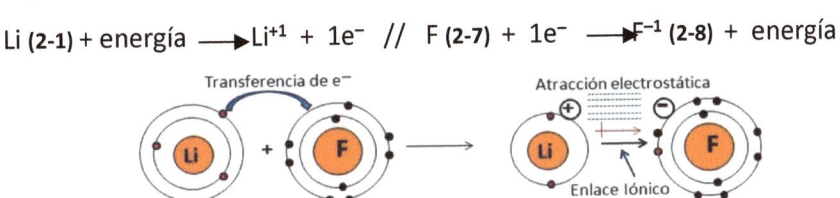

Fig. 4.6.- Representación del enlace Iónico en la molécula de Li-F

3.- Ahora veamos cómo reacciona un elemento del otro bando: los elementos no metálicos. Veamos qué ocurre con el átomo de uno de los elementos más comunes de la naturaleza como es el átomo de flúor (F), de número atómico 9, y quien pertenece al grupo VII de la Tabla Periódica. El flúor presenta la siguiente configuración electrónica: F: **2-7**

El flúor contiene 7 electrones en su capa de valencia. Por lo tanto, también tendrá dos posibilidades de hacerse estable; es decir, dos formas de reaccionar para tratar de lograr su estabilidad química:

3.1.- Al contrario de lo que predomina en el sodio, el átomo de flúor, con 7 electrones en su capa de valencia, tiende a ganar un electrón. Por lo tanto, si el flúor gana o captura 1 electrón de otro átomo, sumado con los 7 electrones propios, tendría ahora 8 electrones en su última capa y se haría estable, pues liberaría una gran cantidad de energía y alcanzaría la configuración electrónica del gas inerte Neón (2-8). El flúor se comporta, en este caso, como un elemento fuertemente electronegativo, no metálico, excesivamente reactivo y altamente peligroso para la salud del ser humano. Se debe manipular con extremas precauciones. La energía liberada por el flúor al captar un electrón, se denomina "afinidad Electrónica".

3.2.- Si por el contrario, el átomo de flúor pierde los 7 electrones de su última capa, adquiriría la estructura electrónica del gas inerte Helio (2) y también lograría hacerse, aparentemente, estable. En este caso el átomo de flúor se comportaría como un elemento electropositivo y carácter metálico. Pero lograr que el flúor reaccione de esa manera, sería sumamente difícil, pues sería necesario someterlo a condiciones de reacción muy severas. Si el flúor reaccionara perdiendo sus 7 electrones de valencia, necesitaría absorber una gran cantidad de energía y se transformaría en una especie sumamente inestable. Lo más importante de la discusión del último punto, es comprender que, como siempre ocurre en la naturaleza, siempre existen, como mínimo, dos posibilidades para todos los átomos, aunque siempre, una de esas posibilidades sea más factible que la otra.

4.1.- Diferencias de reactividad entre átomos de un mismo grupo.

Para finalizar este punto, veamos cómo varía la reactividad de dos elementos muy parecidos entre sí y pertenecientes ambos a la familia de los

INTRODUCCIÓN AL ENLACE QUÍMICO

elementos alcalinos, como son el sodio (Na) y el potasio (K).

$Na_{(2-8-1)}$ + energía $\longrightarrow$ $Na^{+1}{}_{(2-8)}$ + $1e^-$

$K_{(2-8-8-1)}$ + energía $\longrightarrow$ $K^{+1}{}_{(2-8-8)}$ + $1e^-$

Como podemos observar, ambos átomos tienen las mismas posibilidades de alcanzar la estabilidad electrónica: ambos transfieren 1 electrón de su última capa a otro átomo, o ambos pueden captar 7 electrones para llenar la última capa con 8 electrones. En cualquiera de los dos casos, los dos elementos alcanzarían la configuración del gas inerte correspondiente. Pero ambos presentan diferentes reactividades.

El electrón de valencia del sodio está siendo "repelido" hacia afuera por los 10 electrones restantes que ocupan la primera y segunda capas (Repulsión electrostática). Mientras que el electrón de valencia del potasio también está siendo "repelido" hacia afuera por los 18 electrones restantes que ocupan las tres primeras capas. Pero también ocurre que el núcleo de potasio, al ser más grande, tiene mayor carga nuclear y por lo tanto, ejerce una mayor fuerza de atracción electrostática sobre su único electrón transferible, que la que ejerce el núcleo del sodio sobre su electrón de valencia. En otras palabras, el núcleo de potasio "protege" más a su electrón transferible. Si esta segunda fuerza se superpone a la primera, el electrón de valencia del potasio estará más "atado" a su núcleo, que el electrón del sodio. Por lo tanto, el átomo de potasio será menos reactivo que el átomo de sodio, pues cede o transfiere su electrón de valencia, con más dificultad que el sodio.

Conclusión: Puestos en la misma situación de reactividad, el átomo de sodio reaccionará con mayor velocidad que el átomo de potasio, tendrá mayor carácter metálico, poseerá mayor brillo metálico y se ubicará antes que el potasio en la Tabla Periódica.

Pero, si la fuerza de repulsión que ejercen los electrones de las capas interiores del potasio sobre el electrón de valencia fuese mayor que la atracción que ejerce el núcleo de sodio sobre su electrón de valencia, entonces, obviamente, el potasio sería más reactivo que el átomo de sodio.

Las mismas conclusiones se pueden establecer al comparar la diferencia de reactividad entre el Mg y el Ca, ambos pertenecientes al grupo II de la tabla Periódica. El Magnesio (Z = 12) presenta la estructura 2-8-2 mientras que el calcio (Z = 20), posee la distribución: 2-8-8-2. Podemos ver que, otra vez, se generan dos fuerzas opuestas: 1.- una fuerza de repulsión electrónica de los electrones interiores sobre los electrones de valencia. El calcio presenta 18 electrones repeliendo a los dos electrones de la capa de valencia. 2.- Una fuerza de atracción núcleo—electrón, donde el calcio posee un núcleo más grande y tiene 20 protones ejerciendo una fuerte atracción electrostática sobre los electrones externos. El predominio de una de estas fuerzas sobre la otra, explica por qué el magnesio es más reactivo que el calcio. En otros casos ocurre lo contrario. Este análisis se puede aplicar a los miembros de los otros grupos de la Tabla Periódica.

$$Be_{(2-2)} + 9{,}32 \text{ eV.} \longrightarrow Be^{+2}_{(2-8-8)} + 2e^-$$

$$Mg_{(2-8-2)} + 7{,}65 \text{ eV.} \longrightarrow Mg^{+2}_{(2-8)} + 2e^-$$

$$Ca_{(2-8-8-2)} + 6{,}11 \text{ eV.} \longrightarrow Ca^{+2}_{(2-8-8)} + 2e^-$$

$$Ba_{(-18-18-2)} + 5{,}21 \text{ eV.} \longrightarrow Ba^{+2}_{(2-8-8-18-18)} + 2e^-$$

Los datos de la tabla indican que mientras más pequeño es el átomo metálico, más fácil es que transfiera sus electrones de valencia.

5.- LA TEORÍA DE LEWIS Y LOS ENLACES DE VALENCIA

El oxígeno es un elemento electronegativo perteneciente al grupo VI, que es el octavo elemento de la Tabla Periódica (Z = 8 y A = 16), con la conformación electrónica: **2- 6**

Vemos que el átomo de oxígeno tiene 6 electrones en su capa de valencia, mientras que su nivel anterior está completo. Por lo tanto, también tendrá dos posibilidades de reaccionar para hacerse estable: Captando dos electrones de átomos vecinos y de ese modo completar el octeto, o perdiendo sus seis electrones de la capa de valencia. En el siguiente diagrama vemos que un átomo de Oxígeno capta dos electrones que le suministran dos átomos de Sodio, haciendo que se forme el ion Oxígeno con dos cargas negativas. El enlace que se establece es de tipo iónico.

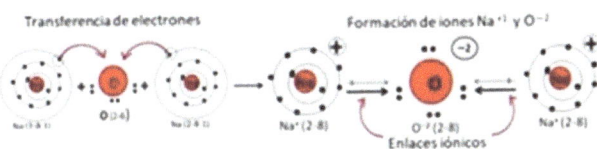

Fig. 5.1.- Formación de la molécula de Na_2O

5.1.- El Enlace Covalente.

El tipo de enlace descrito en los párrafos anteriores, básicamente era el mecanismo propuesto por Kossel, pero Lewis propuso un segundo mecanismo para explicar la formación de moléculas no polares: En este caso no existe transferencia de electrones de un átomo a otro. En consecuencia, no hay formación de iones, sino que el enlace resulta de la compartición de pares de electrones, contribuyendo cada átomo con un electrón al par del enlace. Este tipo de enlace ocurre cuando dos o más átomos comparten hasta tres pares de electrones. En otras palabras, el enlace covalente se basa en la fuerza de atracción que une a átomos o compuestos neutros por medio del compartimiento de uno, o más pares de electrones

Fig. 5.2.- Formación de la molécula de Cloro

Al contrario de lo que sucede con el magnesio, y de manera similar a lo que ocurre con el flúor, si el átomo de oxígeno captura 2 electrones de otro átomo, tendrá ahora, junto con sus 6 electrones originales, un total de 8 electrones en su última capa y se haría estable, pues alcanzaría la configuración electrónica del gas inerte Neón (2-8-). Por lo tanto, el oxígeno se comporta como un elemento electronegativo, con evidente carácter no metálico, muy reactivo y en estado puro, algo peligroso para el ser humano. El riesgo de incendio aumenta considerablemente cuando aumenta la concentración de oxígeno en el ambiente, incluso aunque sea en un pequeño porcentaje. Las chispas, que en circunstancias normales serían inofensivas, podrían causar incendios en ambientes enriquecidos de oxígeno, y los materiales que habitualmente no arderían en el aire (incluyendo los materiales ignífugos) pueden arder de manera enérgica, e incluso espontánea. El aceite y la grasa son especialmente peligrosos en presencia de oxígeno puro, ya que pueden incendiarse de manera espontánea y arder con violencia explosiva. El oxígeno se debe manipular con ciertas precauciones.

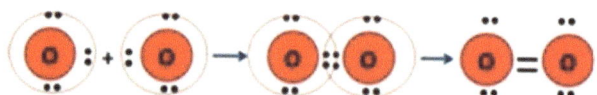

Fig. 5.3.- Formación de la molécula de Oxígeno

En sus reacciones, el oxígeno trabaja normalmente como el ion oxigeno con carga —2. Recuerde que esta forma de reaccionar, implica que el Oxígeno libera energía al captar 2 electrones para completar su capa de valencia. Recordemos el axioma: mientras menor sea la cantidad de energía de un sistema, mayor será su estabilidad.

4.2.- Si por el contrario, el átomo de oxígeno transfiere sus 6 electrones de la última capa a otro átomo, se supone que también adquiriría la conformación electrónica de gas inerte helio (2) y lograría hacerse estable

INTRODUCCIÓN AL ENLACE QUÍMICO

y habrá resuelto su problema de reactividad. En este caso el átomo de oxígeno se comportaría como un elemento electropositivo (al perder electrones, se cargaría positivamente) presentaría muy baja reactividad y escaso carácter metálico. Pero, lograr esta forma de reaccionar significaría absorber una gran cantidad de energía. De nuevo, el producto logrado sería una especie extremadamente inestable. Obviamente, en condiciones normales de laboratorio, esta probabilidad nunca tendría lugar.

En 1914, J.J. Thomson señaló las diferencias entre moléculas polares tipo NaCl, $MgBr_2$, etc., y las moléculas no polares (la mayoría de las sustancias orgánicas: CCl_4, CH_4, C_2H_6, etc.), y observó que la valencia electropositiva de un elemento era igual al número de electrones que se podían separar fácilmente de él, mientras que la valencia negativa era la diferencia entre ocho y los electrones que podían desprenderse del átomo. En otras palabras, el sodio, por ejemplo, podría trabajar como ion Na^{+1} y también como ion Na^{-7}; en tanto que el magnesio podría trabajar como ion Mg^{+2} y como ion Mg^{-6}. De igual modo, el oxígeno podría trabajar como O^{-2} y también como O^{+6}

Más adelante, en 1916, W. Kossel y G.N. Lewis, señalaron que en el sistema periódico, un gas noble separa un metal alcalino y un halógeno; mientras que la formación de un ion negativo del átomo de halógeno y de un ion positivo del átomo del metal alcalino, dará a cada uno de estos átomos una estructura de gas inerte.

Lewis, advirtió que el enlace químico entre los átomos no podía explicarse exclusivamente como debido a un intercambio de electrones, pues dos átomos iguales intercambiando electrones no alterarían sus configuraciones electrónicas. Las ideas válidas para el enlace iónico no eran útiles para explicar, de una forma general, el enlace entre átomos. Sugirió entonces que este tipo de enlace químico se formaba por la compartición de uno o más pares de electrones. Por este procedimiento, los átomos enlazados alcanzaban la configuración electrónica de los gases nobles. Este tipo de conformación de capas completas, se corresponde con las condiciones de mínima energía o máxima estabilidad que son características de la situación de enlace. La teoría de Lewis, conocida también como Teoría del Octeto, por ser éste el número de electrones externos característicos de los gases nobles, puede explicar, por ejemplo, la formación de molécula sencillas como las de H_2, O_2, N_2, H_2O, NH_3, etc.:

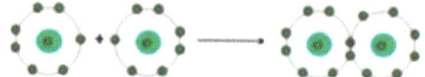

Fig. 5.4.- Formación de la molécula de Cloro

Fig. 5.5.- Formación de la molécula de Hidrógeno

Fig. 5.6.- Formación de la molécula de Agua

Fig. 5.7.- Formación de la molécula de Amoníaco

Como podemos ver en la figura 5.4, en la molécula de Cl_2, cada átomo tiene siete electrones en su capa externa, por lo que, al formar la molécula pasan a tener ocho e^- mediante la compartición de un par de electrones aportados por los dos átomos que intervienen en el enlace. En el caso del hidrógeno, cada átomo comparte su electrón de valencia con el átomo de hidrógeno vecino, y ambos átomos alcanzan la configuración de gas inerte He y se hacen estables. Las otras moléculas se explican usando las mismas ideas. Se debe tomar en cuenta la orientación espacial de la molécula resultante. En todo momento, por efecto de las repulsiones electrostáticas, las partículas con igual carga eléctrica deben permanecer lo más alejado posible entre sí.

En este caso se forma un enlace con características especiales. En un instante del tiempo, el átomo A será dueño absoluto del par de electrones compartidos, que junto a sus 6 electrones propios completarán su octeto y la harán alcanzar su estabilidad electrónica. Un instante de tiempo más tarde, será el átomo B quien será el poseedor absoluto del par de electrones compartidos, que junto a los 6 electrones propios, completarán su octeto y también se hará electrónicamente estable. Es de suponer que el par de electrones vibra a gran velocidad entre los dos núcleos.

Por otro lado, también existen moléculas cuya formación exige la compartición de más de un par de electrones. Imaginemos dos átomos A y B, con propiedades electronegativas del grupo VI, que comparten un par de sus electrones (recuerde que un elemento de este grupo VI, v.g. el oxígeno o el azufre, tiene 6 electrones en su capa de valencia). Entonces, cada uno de los átomos de A, compartiendo un par de electrones con el otro átomo, B, podrá disponer de su octeto completo, alcanzando así su estabilidad electrónica y por ende, haciéndose químicamente estable. Esto hace posible la formación de moléculas tipo AB. En este caso se forma un enlace covalente múltiple, como sucede con las moléculas de O_2, de N_2, y otras, donde se comparten dos y tres pares de pares de electrones respectivamente. Representado cada par de electrones mediante una línea, resulta:

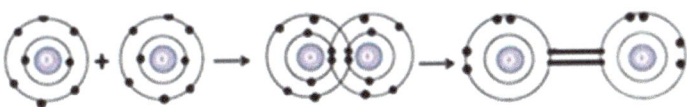

Fig. 5.8.- Formación de la molécula de O_2

Como ya vimos antes, con el oxigeno ocurre algo contrario a lo que sucede con los elementos metálicos, y de manera similar a lo que ocurre con el flúor. Si el átomo de oxígeno logra ganar o compartir 2 electrones pertenecientes a otro átomo, tendría ahora, junto con sus 6 electrones originales, un total de 8 electrones en su última capa o nivel de energía y se haría estable, pues alcanzaría la configuración electrónica del gas inerte Neón (**2-8**). Así mismo, el Oxígeno también puede compartir sus electrones con otros átomos, como por ejemplo, con el carbono:

Fig. 5.9.- Formación de la molécula de CO_2

De forma similar, se explica la formación de la molécula diatómica de N_2. Si el átomo de Nitrógeno (z = 7), –que presenta la configuración (2–5) – acepta y comparte 3 de sus electrones de valencia con otro átomo de nitrógeno vecino, ambos átomos alcanzarán su estabilidad electrónica:

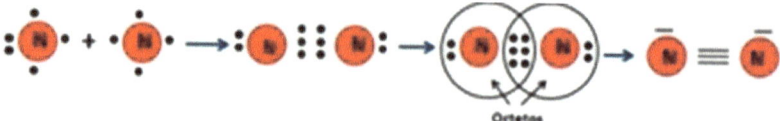

Fig. 5.10.- Formación de la molécula de Nitrógeno

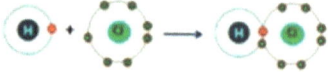

Fig. 5.11.- Formación de la molécula de HCl

Nota: Es necesario aclarar que, para simplificar las discusiones, hemos obviado, de momento, las consideraciones espaciales en las figuras presentadas.

Ahora, todavía dentro de los principios de la Teoría de Lewis, analicemos el interesante caso del carbono, que es el elemento base de los compuestos orgánicos. El carbono es el sexto elemento de la Tabla Periódica, cuya distribución electrónica es: C: (2-4).

El carbono, al tener 4 electrones en su capa de valencia, tiene 2 posibilidades de lograr la estabilidad electrónica: a) puede ganar 4 electrones de su capa de valencia. b) Puede perder 4 electrones en su capa de valencia. En cualquiera de los dos casos el carbono habrá logrado la configuración del correspondiente gas inerte Ne (Z = 10), o del He (Z = 2), y se habrá hecho electrónicamente estable. Esto quiere decir que el carbono podría presentar un doble comportamiento químico. Su dualidad le permitiría actuar como un elemento no metálico, o accionar como un elemento con carácter metálico, aunque esta segunda posibilidad es hipotética. Tengamos siempre presente que los seres humanos somos considerados organismos orgánicos, con todo lo que esto implica.

$C\,(2\text{-}4) + 4e^- \longrightarrow C^{-4}\,(2\text{-}8)$ También: $C\,(2\text{-}4) - 4e^- \longrightarrow C^{+4}\,(2)$

```
    H  :Br:  H
    ..  ..  ..
H : C : C : C : H
    ..  ..  ..
    H   H   H
  2–Bromopropano
```

Es importante tener siempre presente que la regla del octeto es una regla práctica que presenta numerosa excepciones. Sin embargo, sirve para explicar el comportamiento de muchos compuestos.

El carbono es el pilar básico de la Química Orgánica y forma parte de todos los seres vivos conocidos. Forma el 0,2 % de la corteza terrestre. Actualmente se conocen más de dos millones de compuestos de carbono. La causa de la existencia de un número tan elevado de compuestos de

INTRODUCCIÓN AL ENLACE QUÍMICO

carbono, se debe al carácter singular de este elemento, que puede:

1.- Formar enlaces fuertes con elementos electronegativos o no metálicos, así como con elementos de carácter metálico más acentuado.

2.- Unirse con átomos de su misma clase mediante enlaces covalentes fuertes, formando largas cadenas lineales, ramificadas o cíclicas.

3.- Formar enlaces múltiples (dobles y triples) con átomos de su misma especie, o con otros elementos.

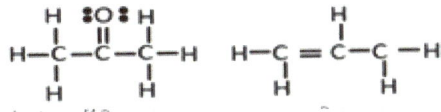

Fig. 5.11.2.- Moléculas de Acetileno y 1–Propeno

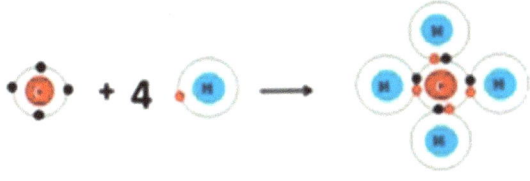

Fig. 5.12.- Formación de la molécula de metano, (CH_4)

Los investigadores están de acuerdo en considerar al carbono como la estructura fundamental de la vida, ya que es un elemento muy energético que proporciona grandes cantidades de energía a los seres que la consumen. El carbono, un átomo completamente apolar, forma parte de los azúcares, también de los lípidos, y los glicéridos. En conclusión, el carbono es un elemento muy importante en la naturaleza y de vital importancia para los seres vivos.

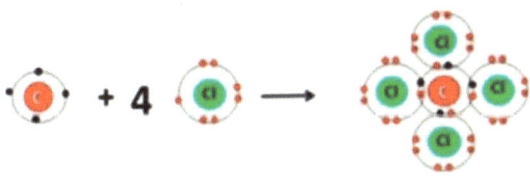

Fig. 5.13.- Formación de la molécula de CCl_4

Pese a su gran aporte al conocimiento del enlace químico, la regla del octeto no puede aplicarse a un gran número de moléculas conocidas. Por ejemplo, la geometría del agua no concuerda con la realidad. Lo mismo ocurre con otros compuestos. Los compuestos orgánicos, por ejemplo, son mejor explicados usando otras teorías.

Fig. 5.14.- Formación del Agua según la regla del octeto.

Ante la diversidad de elementos químicos existentes en la naturaleza, cabe preguntarse: ¿cuál es la razón por la que unos átomos se unen entre sí para formar un determinado tipo de compuestos, mientras que otros átomos no pueden hacer lo mismo? Tal vez la respuesta esté en el hecho cierto de que todo sistema físico tiende a alcanzar una condición de mínima energía. Por consiguiente, toda agrupación de átomos que, interactuando entre sí, consiga reducir el contenido de energía del conjunto, dará lugar a una molécula. Junto con esta idea general de configuración de energía mínima, otros intentos de explicación de este tipo de enlace entre átomos han sido planteados recurriendo a las características fisicoquímicas de las estructuras electrónicas de los átomos componentes.

5.2.- Electronegatividad.

Un enlace covalente está formado entre dos átomos que comparten un par de electrones. En una molécula como la del H_2, por ejemplo, donde los dos átomos son idénticos, es de esperar que los electrones sean compartidos en forma equitativa. En otras palabras, que éstos pasen el mismo tiempo en la vecindad de cada átomo. Los átomos de los elementos con similares electronegatividades tienden a formar enlaces covalentes entre ellos. Por otro lado, en la molécula de HF, los electrones no se comportarán de igual manera, ya que los átomos son muy diferentes entre sí.

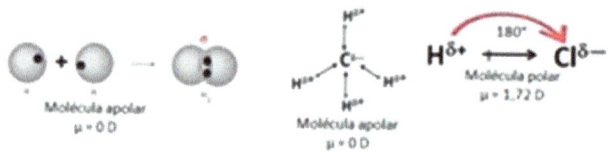

Fig. 5.14.- Polaridad de una molécula

En el HF, el enlace se denomina enlace covalente polar, o simplemente enlace polar, ya que los electrones pasan más tiempo cerca del átomo de flúor que cerca del hidrógeno. Este comportamiento desigual del par electrónico ocasiona que haya un desplazamiento de la densidad electrónica desde el átomo de hidrógeno al átomo de flúor. El enlace presente en el HF, y otros enlaces polares semejantes, puede ser imaginado como un enlace intermedio entre un enlace covalente (no polar) en el cual los electrones se comparten en forma equitativa, y un enlace iónico, en el cual la transferencia de electrones es completa.

La electronegatividad, define la tendencia de un átomo de atraer hacia sí los electrones que se comparten en un enlace químico. Los elementos no metálicos tienen mayor tendencia a traer los electrones que los elementos metálicos o electropositivos. Como es de esperarse, le electronegatividad está íntimamente relacionada con la afinidad electrónica y la energía de ionización. Así, un átomo como el flúor, que tiene una alta afinidad electrónica (libera energía al tomar electrones), también tiene una electronegatividad alta. Por el contrario, el átomo de sodio —como todos los demás elementos metálicos— tiene baja afinidad electrónica, bajo potencial de ionización y baja electronegatividad. Los átomos de los elementos con grandes diferencias de electronegatividad tienden a formar enlaces iónicos entre ellos (como en el NaCl, HF, HCl, CaO, etc.), debido a que el átomo menos electronegativo tiende a ceder sus electrones al átomo más electronegativo.

En general, en un mismo período de la tabla periódica, la electronegatividad aumenta de izquierda a derecha, coincidiendo con la disminución del carácter metálico de los elementos, mientras que en el grupo, la electronegatividad disminuye al aumentar el número atómico. Los metales de transición no siguen esta tendencia. Los elementos más electronegativos (halógenos, oxígeno, nitrógeno y azufre) se ubican en el ángulo superior derecho de la tabla periódica,

5.3.- Diferencias entre compuestos iónicos y compuestos covalentes.

Los compuestos que presentan enlaces iónicos y los compuestos formados por enlaces covalentes, difieren marcadamente en sus propiedades fisicoquímicas debido a la distinta naturaleza de sus enlaces. En los compuestos covalentes existen dos tipos de fuerzas de atracción: 1.- una fuerza que mantiene unidos a los átomos en la molécula y que es determinada por la energía de enlace. 2.- Una segunda fuerza de atracción llamada fuerzas intermoleculares o fuerzas de Van Der Waals, opera entre las moléculas covalentes. Estas fuerzas son, comúnmente, más débiles que las fuerzas que mantienen unidos a los átomos en la molécula. La poca fortaleza de estas fuerzas es la principal razón por la cual los compuestos covalentes casi siempre son gases, líquidos o sólidos de bajo punto de fusión. Por otro lado, las fuerzas electrostáticas que mantienen unidos a los átomos cargados en un compuesto iónico, por lo general son muy fuertes, de modo que estos compuestos son sólidos a temperatura ambiente y presentan elevados puntos de fusión. Muchos compuestos iónicos son solubles en agua, y sus disoluciones acuosas se comportan como buenos conductores de la electricidad, mientras que la mayoría de los compuestos covalentes son insolubles en agua. Pero si se llegaran a disolver en agua, sus disoluciones acuosas por lo general no son conductoras de la electricidad ya que estos compuestos están formados por sustancia no electrolíticas. Los compuestos iónicos fundidos conducen la electricidad ya que están formados por cationes y aniones que se mueven libremente en su medio, mientras que los compuestos covalentes líquidos, o fundidos, no conducen la electricidad debido a la ausencia de iones cargados.

5.4.- El Enlace Covalente Coordinado

En 1921, G.A. Perkins postuló un tipo de enlace semejante al que acabamos de estudiar, pero en el que los dos electrones que conforman el enlace, son aportados por uno solo de los dos átomos que se combinan. Por ejemplo, veamos la combinación del trimetilboro con la molécula de amoníaco.

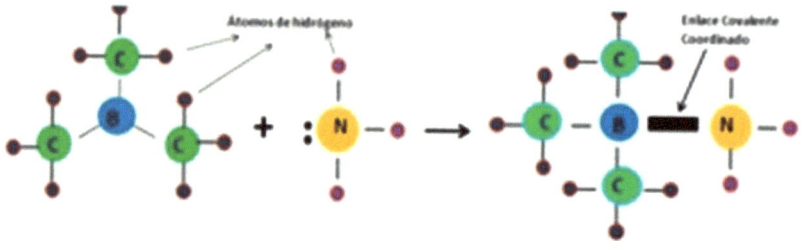

Fig. 5.15.- Formación del enlace covalente coordinado en el Borotrimetilamonio

En la imagen presentada, podemos ver que el átomo de B (Z=5), inicialmente tiene 3 electrones desapareados en sus orbitales de valencia con los que luego enlaza con 3 grupos metilos. Mientras que en el amoníaco, NH_3, el átomo de nitrógeno presenta 3 orbitales enlazados con 3 átomos de hidrógeno; pero también presenta otro orbital con un par de electrones libres no compartidos. Como podemos observar, el Boro no posee su octeto de electrones completo. En el trimetilboro hay solamente seis electrones en torno al átomo de boro, ya que él mismo tiene solamente tres electrones de valencia que utiliza para enlazarse con tres átomos de carbono de los tres

grupos metilo. Entonces se forma el borotrimetilamonio, un compuesto $NH_3 \rightarrow BCH_3$. En este proceso, el átomo de Nitrógeno actúa como "dador" de electrones y el átomo de Boro es el "aceptor" de electrones. El sentido de la flecha indica la relación dador $\rightarrow$ aceptor.

Es de hacer notar que la "cesión" es un caso especial de la "compartición" y no tiene lugar ninguna transferencia de electrones. Sin embargo, el átomo de Nitrógeno "pierde", en efecto, dos electrones: Ahora comparte un par de electrones que antes le pertenecían completamente; mientras que el Boro "gana" dos electrones que antes no tenía. La formación de este tipo de enlace implica un desplazamiento de carga, produciéndose en la molécula lo que se denomina un "dipolo eléctrico", donde el Nitrógeno adquiere una carga formal positiva y el boro una carga formal negativa. Este tipo de enlace, una vez formado, no difiere en modo alguno del enlace covalente antes analizado.

El enlace covalente se puede representar por dos puntos, A:B, o más comúnmente, por un guión, A—B, mientras que el enlace covalente coordinado, como pudimos ver en el ejemplo $NH_3 \longrightarrow BCH_3$, se representa con una flecha que indica la dirección del desplazamiento de la carga electrónica. Otra forma consiste en escribir $H_3N^+ - {}^-BCH_3$, donde los signos + y − se usan para indicar las cargas formales.

5.5.- Orbitales Híbridos.

En Química, se conoce como hibridación a la interacción de orbitales atómicos dentro de un átomo para formar nuevos orbitales híbridos. Los orbitales híbridos son los que se superponen en la formación de enlaces entre átomos iguales o diferentes, dentro de la Teoría del Enlace de Valencia, y permiten justificar la geometría molecular en muchos compuestos. Un orbital híbrido es conveniente para describir la forma real en que se disponen los electrones para generar las propiedades que se observan en los enlaces atómicos.

El concepto de hibridación de orbitales atómicos surge debido a que el modelo propuesto por la Teoría del Enlace de Valencia resulta en ocasiones insuficiente para predecir la geometría molecular de algunas moléculas covalentes, como pueden ser el metano, el amoniaco, el agua, etc. Aunque también es posible predecir dicha geometría en forma sencilla e intuitiva por medio de la Teoría de la repulsión de los Pares Electrónicos de la Capa de Valencia (T.R.P.E.C.V.), los químicos se han visto en la necesidad de profundizar más el modelo del enlace de valencia, e introducir el concepto de hibridación de orbitales atómicos.

Esta teoría considera que los orbitales atómicos se pueden combinar entre sí para dar lugar a unos nuevos orbitales de enlace llamados orbitales híbridos. Se obtienen tantos orbitales híbridos como orbitales atómicos se combinen. Cabe destacar que el átomo que se hibrida es el átomo central. Los otros átomos enlazados a éste, se enlazarán generalmente, con su orbital atómico correspondiente sin hibridizar, salvo en el caso de los enlaces carbono-carbono.

Así, en función de los orbitales atómicos que se combinen, tendremos distintos tipos de hibridación que veremos con detalle más adelante.

En 1931, Linus Pauling desarrolló por primera vez la teoría de la hibridación con el fin de explicar la estructura de las moléculas como el metano (CH_4). Este concepto fue establecido para explicar la formación de compuestos químicos sencillos, pero posteriormente, el enfoque fue aplicado más ampliamente, y hoy se considera una heurística eficaz para la racionalización de las estructuras de compuestos orgánicos. Se puede afirmar, sin lugar a dudas, que el éxito de la T.E.V. no habría sido completo sin que Linus Pauling introdujera los conceptos de hibridación y de resonancia alrededor de 1930. Se recomienda revisar con detalle la tabla de orbitales híbridos que aparece en la página 71.

INTRODUCCIÓN AL ENLACE QUÍMICO

6.- TEORÍA DEL ENLACE DE VALENCIA

La Teoría del Enlace de Valencia (T.E.V.) explica la naturaleza de los enlaces químicos en una molécula, en términos de las valencias atómicas. Esta teoría se centra en la regla de que el átomo central en una molécula tiende a formar enlaces por pares de electrones, en concordancia con restricciones geométricas, según está definido por la regla del octeto.

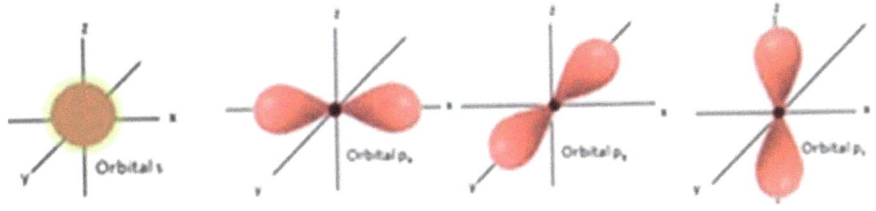

Fig. 6.1.- Orbitales atómicos s y p

Según la T.E.V., para que se forme un enlace covalente típico entre dos átomos, han de solaparse, un orbital de uno de los átomos con un orbital del otro átomo, y para que esto sea posible, cada orbital debe estar ocupado por un solo electrón, y además, éstos han de ser de espines opuestos.

Como ejemplo más sencillo se puede considerar la formación de la molécula de hidrógeno a partir de sus átomos, cada uno de ellos con un electrón en su orbital atómico **1s**. Cuando dos átomos se aproximan, se produce el solapamiento de sus orbitales, lo que supone la creación del enlace hidrógeno-hidrógeno, debido a que entre los dos núcleos se crea una zona de alta densidad electrónica.

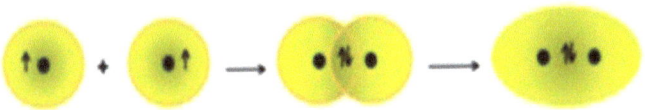

Fig.6.2.- Solapamiento de orbitales s en la molécula de H$_2$

Así, en la formación de la molécula de cloruro de hidrógeno, es el orbital **s** de un átomo de hidrógeno el que se solapa con el orbital atómico **p** equivalente del átomo de cloro. Si el solapamiento se realiza frontalmente, entre los dos núcleos se crea una zona de alta densidad electrónica en la región comprendida entre los dos núcleos.

Fig.6.3.- Tipos de orbitales que intervienen en la molécula de HCl

Como los orbitales p son bilobulados, de signos opuestos y presentan un plano nodal central, el enlace se forma por solapamiento del orbital **s** del átomo de hidrógeno con el lóbulo del orbital **p,** que sea de su mismo signo. El lóbulo no implicado en el solapamiento disminuye sensiblemente de tamaño, lo que significa que la mayor densidad electrónica se encuentra entre los núcleos de los átomos de hidrógeno y de flúor.

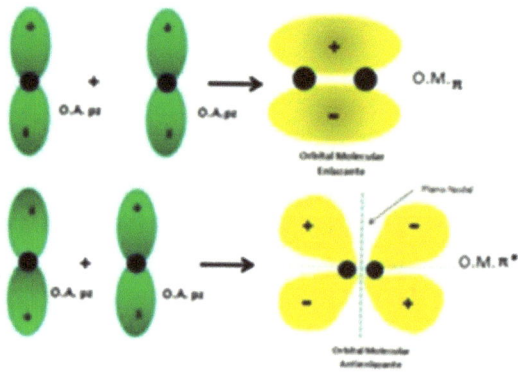

Fig. 6.4.- Formación orbitales moleculares enlazantes y antienlazantes

Cuando el solapamiento entre orbitales **p** se realiza lateralmente y los lóbulos enfrentados son del mismo signo, en la región situada entre los dos núcleos se crea una zona de alta densidad electrónica. Pero, cuando se efectúa el solapamiento de un orbital **p** de un átomo, con el orbital **p** de un segundo átomo y sus lóbulos enfrentados son de signos opuestos, se forma un orbital de mayor energía que los orbitales individuales. Este orbital tiene carácter no enlazante, tal como se muestra en la figura 6.4. En otras palabras, un orbital de antienlace es aquel orbital molecular caracterizado porque hay una densidad electrónica pequeña entre los núcleos atómicos, existiendo uno o más nodos perpendiculares al eje internuclear. Es decir, un orbital antienlazante se forma mediante la interferencia destructiva de dos orbitales atómicos de simetrías opuestas (solapamiento de nubes con cargas de signos contrarios). De esta forma, se obtiene un orbital de mayor energía que cualquiera de los dos orbitales atómicos originales, lo que desfavorece la posibilidad de formación del enlace químico entre los dos átomos.

6.1.- postulados de la Teoría de Enlaces de Valencia.

1.- Dos átomos forman un enlace covalente cuando se superponen o solapan orbitales atómicos de ambos, originando una zona común de alta densidad electrónica con dos electrones de espines apareados.

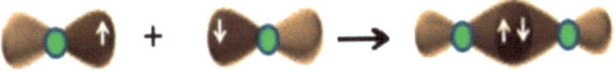

Fig. 6.5.- Solapamiento frontal de dos orbitales p en la formación de la molécula de flúor:

2.- Los orbitales deben formar parte de la capa de valencia, tener electrones desapareados de espines opuestos y energía semejante.

Fig.6.6.- Solapamiento de orbitales **s** enlazantes

3.- Si el solapamiento de los orbitales **p** es lateral, se forma un enlace covalente tipo σ o π.

4.- Si el solapamiento de los orbitales p es frontal, se forma un enlace covalente tipo sigma (σ).

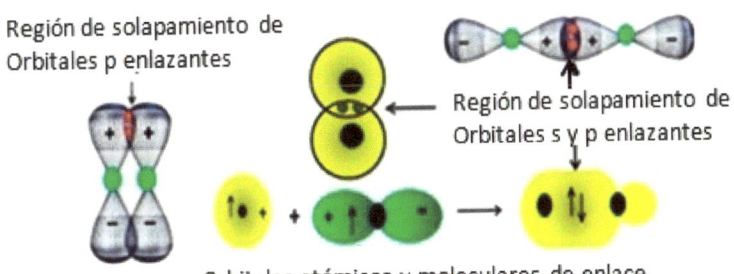

Fig. 6.7.- Solapamiento de orbitales s y p

La covalencia de un elemento define el número de enlaces covalentes que éste puede formar y es determinado por el número de electrones desapareados que presenta el átomo. Veamos algunos ejemplos:

6.2.- La molécula de Flúor.

El flúor tiene una configuración 1s²; 2s2; 2p⁵, de donde resulta que posee un solo electrón desapareado, ubicado en uno de los orbitales **p**, así que estos orbitales son los que se solapan dando lugar a un enlace σ:

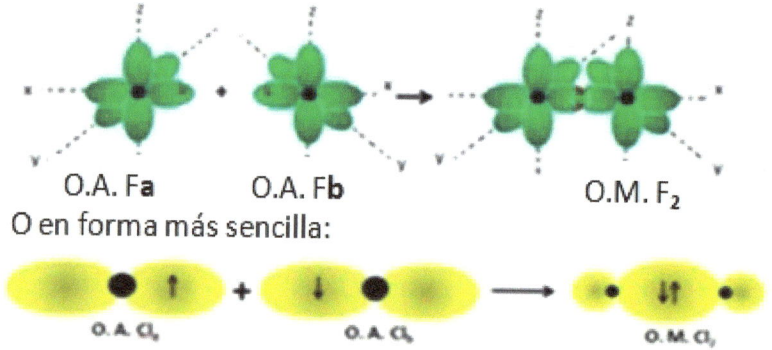

O en forma más sencilla:

Fig.6.8.- Formación de las moléculas de F_2 y Cl_2

6.3.- La molécula de Oxígeno.

El átomo de Oxígeno tiene estructura 1s²; 2s²; 2px²; 2py¹: 2pz¹, por lo que tiene 1 electrón desapareado en dos de sus orbitales p. Por lo tanto, forma una molécula de covalencia 2. (2 enlaces).

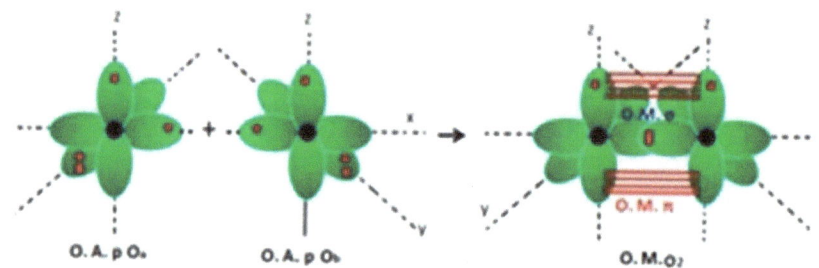

Fig.6.9.- Formación de la molécula de O_2

La T.E.V. nos dice que cuando dos átomos de oxígeno se acercan ocurre que

1.- Los orbitales **p** que tienen la misma dirección se solapan frontalmente y forman un enlace **σ**.

2.- Los orbitales **p** que son paralelos, se solapan con más dificultad y forman un enlace del tipo **π**, que se representa con unas rayas uniendo los dos lóbulos de cada orbital.

3.- En el diagrama podemos observar que se forma un orbital molecular **σ** como producto del solapamiento de dos orbitales atómicos **px**, a lo largo del eje internuclear, y un orbital molecular **π** producido por el solapamiento paralelo de los dos orbitales atómicos **pz**. La nube **π** resultante está constituida por dos lóbulos con cargas opuestas: uno por encima del eje internuclear y el otro por debajo del eje internuclear. En nuestro diagrama, el lóbulo superior sería negativo ya que contiene los 2 electrones de enlace y el lóbulo inferior sería positivo. Atención: El orbital **py** no interviene en la formación de enlaces ya que no presenta electrones desapareados.

6.4.- La molécula de Nitrógeno.

El Nitrógeno es una molécula diatómica homonuclear gaseosa que constituye aproximadamente el 78 % del aire atmosférico. El átomo de Nitrógeno presenta una estructura $1s^2, 2s^2; 2p^3$, por lo que tiene 1 electrón desapareado en cada uno de sus tres orbitales **p**. Por lo tanto, forma una molécula de covalencia 3. Al unirse con otro átomo de Nitrógeno comparten sus electrones desapareados formándose un triple enlace entre sus núcleos. Uno de esos enlaces, el que se forma por solapamiento de orbitales **p** en la misma dirección del eje internuclear, será **σ** y los dos restantes, los que se forman entre orbitales **p** paralelos, serán del tipo **π**. Estos dos orbitales se ubican en forma perpendicular entre sí.

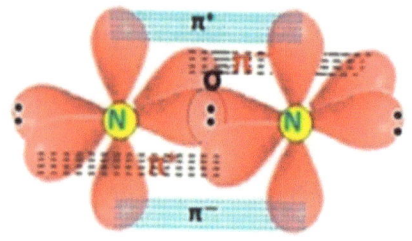

En la figura 6.10 se muestran los orbitales moleculares en la molécula de Nitrógeno según la visión de la T.E.V.

6.5.- La molécula de Amoníaco.

La molécula de amoníaco se explica de la misma forma que los ejemplos anteriores. En ella, el átomo de nitrógeno presenta una configuración **$1s^2\ 2s^2\ 2p^3$**. Por lo tanto, tiene 3 electrones desapareados. Esto implica que su covalencia es 3, por lo que formaría 3 enlaces σ por solapamiento de sus tres orbitales **p** con orbitales **s** de tres átomos de hidrógeno a lo largo de los ejes x, y, z. El ángulo de enlace sigue siendo de 90º, ya que viene originado porque el ángulo entre los orbitales p es de 90º.

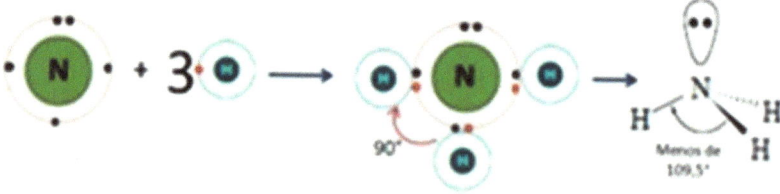

Fig. 6.11.- Formación de la molécula de NH_3 según la T.E.V.

6.6.- La molécula de Agua.

En el agua, el átomo central –el oxígeno– con una configuración $1s^2\ 2s^2,\ 2p_x^2,\ 2p_y^1,\ 2p_z^1$ presenta dos electrones desapareados. Por lo tanto, formará dos enlaces σ por solapamiento de éstos con los orbitales **1s** del hidrógeno. De acuerdo con la teoría del octeto, en la molécula de agua el ángulo de enlace debería ser de 90º, es decir, el agua debería ser una molécula angular. Sin embargo, la repulsión electroestática entre los orbitales, tiene el efecto de distorsionar este ángulo, aunque un poco menos que en el caso del amoníaco.

INTRODUCCIÓN AL ENLACE QUÍMICO

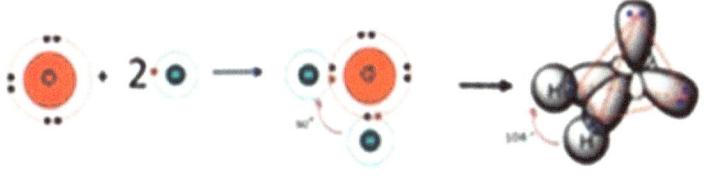

Fig.6.12.- Construcción de la molécula de agua según la T.E.V.

6.7.- Debilidades de la T.E.V.

Cuando dos átomos están muy alejados uno del otro, la interacción entre ambos es nula, pero a medida que se van acercando comienzan a interaccionar entre sí. Por una parte, se produce una atracción mutua entre el electrón de cada uno de los átomos y el núcleo del otro átomo. Pero, por otra parte, también comienza a establecerse una repulsión entre las partículas con igual carga eléctrica de ambos átomos, especialmente entre sus núcleos. Al principio de las interacciones, predominan las fuerzas atractivas núcleo – electrón, lo que favorece el acercamiento de ambos átomos, pero a medida que éste se produce, también aumentan las fuerzas repulsivas entre los núcleos hasta igualarse con las fuerzas atractivas. En este preciso momento se alcanza un mínimo de energía y un máximo de estabilidad en el conjunto formado por los dos átomos. Esto ocurre en todas las moléculas cuando se forma ell enlace

Pero, ocurre que en la T.E.V. se supone que los electrones están inmóviles y que a medida que los núcleos se aproximan, esas partículas estarán estacionarias en la región entre los dos núcleos. Pero los electrones no se comportan de esta forma. Los electrones se mueven y, de acuerdo con el principio de incertidumbre de Heisenberg, no es posible saber de forma simultánea la posición y la cantidad de movimiento de un electrón. Es decir, no podemos localizar a los electrones en forma tan precisa como la explicación sugiere. En su lugar se prefiere considerar la probabilidad de encontrar electrones en sitios específicos.

En conclusión, es necesario suponer que los electrones no pueden ser asignados de manera taxativa a los núcleos A y B. Cuando los átomos se aproximan hasta la distancia de equilibrio, no es posible distinguir si el electrón 1 está ligado al átomo A o al átomo B, y lo mismo sucede con el electrón 2. Así pues, una descripción del sistema igualmente válida es la que representa la función de onda Ψ = ϕA(2)ϕB(1), en la cual el electrón 2 está en el átomo A y el electrón 1 en el átomo B. Como ambas funciones son igualmente probables, la mejor función que describe al sistema resulta de una combinación lineal de ambas: Ψ = ϕA(1)ϕB(2) + ϕA(2)ϕB(1).

Si representamos la variación de la energía potencial en función de la distancia existente entre los dos átomos que se aproximan, se obtiene la siguiente gráfica:

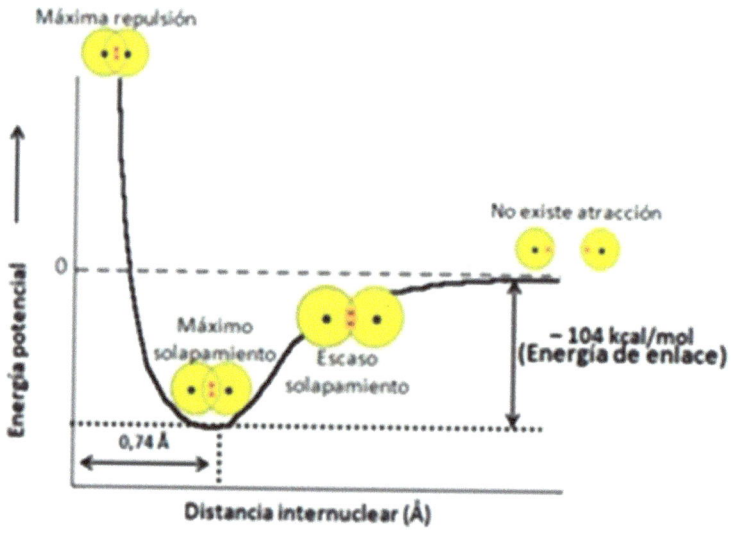

Fig. 6.13.- Diagrama de energía de solapamiento en la formación de la molécula de H_2

Las líneas discontinuas indican la energía potencial inicial del sistema. Es decir, cuando los átomos están en contacto, y cuando la distancia entre los átomos puede considerarse infinita. La diferencia entre la energía potencial inicial y la del estado de máxima estabilidad cuando las fuerzas atractivas y repulsivas están equilibradas, es de 104 kcal/mol. Ésta es el valor de la energía que se desprende al formarse el enlace (y es la misma que se necesitaría suministrar al sistema para romper el enlace covalente, llevando a ambos átomos hasta una separación infinita). Por ello, este valor recibe el nombre de energía de disociación de enlace. Finalmente, r_0, que es la distancia existente entre los núcleos (distancia internuclear) de ambos átomos interactuantes en el momento del equilibrio, recibe el nombre de longitud de enlace.

Por ejemplo, en el caso de la molécula de hidrógeno, r_0 vale 0.74 Å. A esta distancia, el solapamiento entre los orbitales atómicos 1s de los dos átomos de hidrógeno, es el máximo posible, pues un mayor solapamiento de los orbitales interactuantes provocaría un rápido aumento de la energía potencial, tal como muestra el gráfico anterior. Los valores de r_0 en algunas otras moléculas son los siguientes: en la molécula de HF, r_0 vale 0,92 Å; en la de HCl vale 1,27 Å; en la de HBr es de 1,41 Å; y la de HI tiene un valor de 1,61 Å.

6.8.- La Teoría de Enlace de Valencia en la actualidad

La T.E.V. supone que un enlace entre dos átomos se forma por el traslape de dos orbitales atómicos, uno de cada átomo, si el total de electrones que ocupan el orbital, es de dos. Un enlace óptimo exige un máximo de solapamiento entre los orbitales participantes, por lo que cada átomo debe tener orbitales adecuados dirigidos hacia los otros átomos con los que se enlaza.

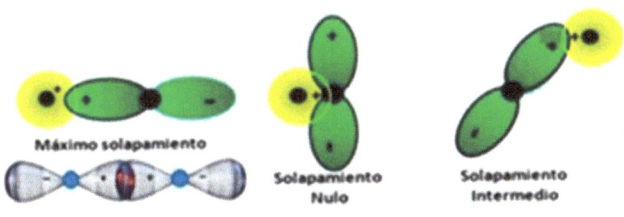

Fig.6.14.- Tipos de solapamientos

Con frecuencia, esto no ocurre de esta manera, y en la formación del enlace no participa un orbital atómico puro, sino un orbital híbrido, que es producto de la mezcla de orbitales atómicos adecuados para que el nuevo orbital se encuentre orientado en la dirección del enlace. Este proceso recibe el nombre de hibridación. Esto es lo que permite explicar las geometrías y otras propiedades de moléculas como, por ejemplo, $BeCl_2$, NH_3, CO_2, H_2O, etc.

Geometría espacial	Tipos de orbitales	Orbitales híbridos	Ejemplos
Lineal	s + p	Sp^1	$BeCl_2$, CO_2
Triangular plana	s + 2p	sp^2	BF_3, $SnCl_2$, C_2H_6
Tetraédrica	s + 3p	sp^3 o sd^3	CH_4, NH_3, H_2O
Bipirámide trigonal	s + 3p + d	Sp^3d o sp^3d	PCl_5, SF_4, CLF_3
Octaédrica	s + 3p + 2d	sp^3d^2	SF_6, BrF_6, XeF_6

Fig. 6.16.- Tabla de orbitales híbridos

Fig.6.15.- Solapamiento de orbitales en la molécula de $BeCl_2$

Debido al solapamiento, hay una mayor probabilidad de que los electrones se ubiquen en la región internuclear del enlace. Por otra parte, la T.E.V. provee una descripción más fácil de visualizar de la reorganización de la carga electrónica que tiene lugar cuando se rompen y se forman enlaces durante el curso de una reacción química. También predice correctamente la disociación de moléculas diatómicas homonucleares en átomos separados, mientras que la Teoría de Orbitales Moleculares, en su forma simple, predice mejor la disociación en una mezcla de iones y átomos. .

Como veremos más adelante, la teoría del enlace de valencia complementa a la Teoría de Orbitales Moleculares (TOM) ya que, entre otras cosas, puede predecir propiedades magnéticas (diamagnetismo y paramagnetismo) de una forma más directa, mientras que la T.E.V. genera los mismos resultados, pero en una forma más complicada.

6.9.- Aplicaciones de la Teoría del Enlace de Valencia

Un aspecto importante de la teoría del enlace de valencia es la condición de máximo solapamiento que conduce a la formación de los enlaces más fuertes. Esta teoría se usa para explicar la formación de enlaces

INTRODUCCIÓN AL ENLACE QUÍMICO

covalentes en muchas moléculas. Por ejemplo, en el caso de la molécula Cl_2, el enlace Cl — Cl está formado por el solapamiento de orbitales **p** de dos átomos de cloro, cada uno conteniendo un electrón no apareado. Dado que la naturaleza de los orbitales es diferente en las moléculas de H_2 y Cl_2, entonces, la fuerza de enlace y la longitud de enlace, diferirán en ambas moléculas.

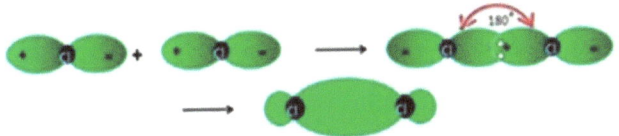

Fig. 6.17.- Formación de la molécula de Cl_2

En la molécula de HCl, el enlace covalente está formado por el solapamiento del orbital **1s** del H y **2p** del Cl, cada uno conteniendo un electrón desapareado. La compartición mutua de los electrones entre H y Cl resulta en la formación de un enlace covalente entre ambos. Entre los núcleos hay una sola zona central de alta densidad electrónica

Fig. 6.18.- Formación de una molécula de HBr

En algunos casos, en la teoría del enlace de valencia, se abandona la regla del octeto y se sustituye por la condición de que dos electrones desapareados puedan ocupar un mismo orbital. El número de enlaces covalentes posible depende, entonces, del número de electrones desapareados presentes en el átomo correspondiente o en algún estado excitado previo a la formación de la molécula.

Esta teoría supone que electrones que estaban apareados tienen que desaparearse, así se explican las valencias anómalas de algunos átomos (como los halógenos) por desapareamiento de electrones que pasan a ocupar orbitales vacíos del mismo nivel electrónico.

Por ejemplo, el cloro: (Z= 17) $1s^2$; $2s^2$; $2p^6$; $3s^2$; $3p^5$, puede trabajar con las siguientes valencias: 1, 3, 5 y 7

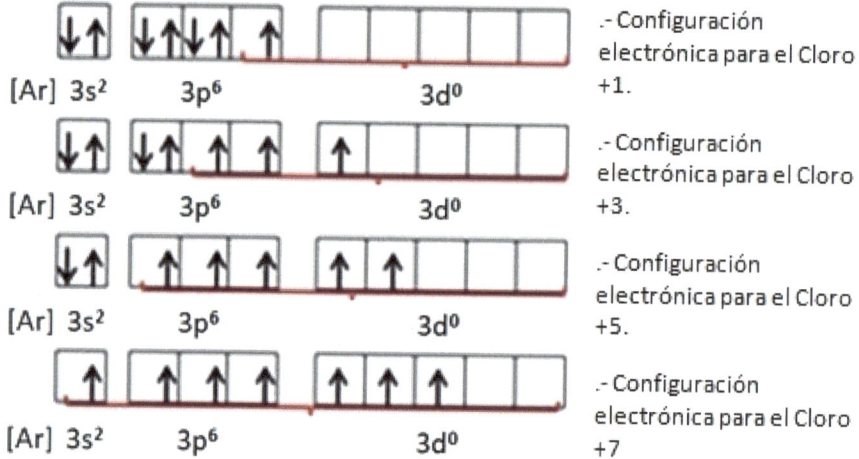

Ejercicio: Determine el estado de oxidación del cloro en la molécula de perclorato de sodio, $NaClO_4$.

Respuesta: Sabemos que el sodio trabaja con valencia +1 mientras que el oxígeno presenta valencia —2. Entonces, como el compuesto es neutro, se cumple que: +1 + X + 4 x (—2) = 0; por lo tanto:

+1 + X + (—8) = 0, entonces X = 8 — 1 = 7. (Valencia del cloro en el $NaClO_4$)

7.- POLARIDAD DE ENLACES

Además de las propiedades ya descritas, algunos enlaces covalentes presentan otra propiedad de importancia capital: la polaridad. Un enlace será polar si une átomos que difieren en su tendencia de atraer electrones, es decir, que difieran en su electronegatividad. Ya vimos que dos átomo unidos por un enlace covalente comparte electrones. Sus núcleos están contenidos por la misma nube electrónica. Pero en la mayoría de los casos, los dos núcleos no comparten sus electrones por igual. La nube electrónica es más densa cerca de un átomo, que en el otro. Así, uno de los extremos del enlace resulta relativamente negativo y el otro extremo es relativamente positivo. Un enlace tal se dice que es un enlace polar, o que posee polaridad.

Podemos indicar la polaridad utilizando el símbolo δ_+ y δ_-, que significa parcialmente positivo o parcialmente negativo. Por ejemplo:

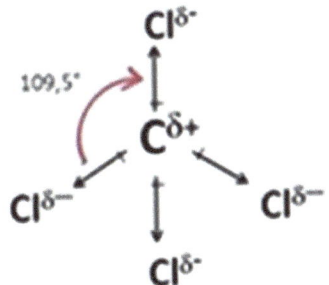

Una molécula es apolar si el centro de distribución de cargas positivas no coincide con el centro de distribución de cargas negativas. Una molécula tal constituye un dipolo. En el caso del CCl_4, vemos que es una molécula completamente apolar ($\mu = 0$)

Fig. 7.1.- El CCl_4, un compuesto apolar con enlaces polares

Un enlace será polar si está formado por átomos que presentan diferentes electronegatividades. Por lo tanto, mientras mayor sea la diferencia en electronegatividad, más polar será el enlace. Los elementos más electronegativos se ubican en el extremo superior derecho de la Tabla

Periódica. El orden de electronegatividad de los elementos es como sigue: **F > O > Cl, N > Br > C, H.**

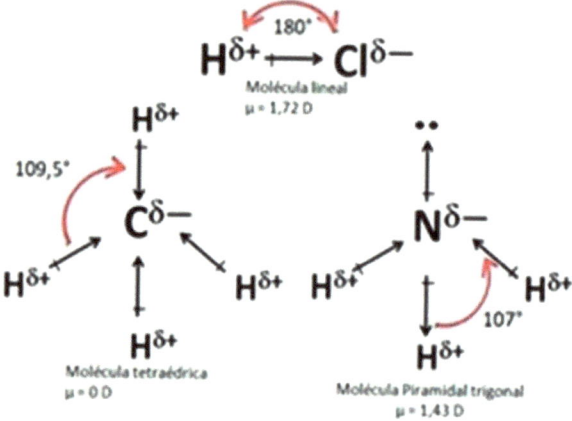

Fig.7.1.1.- Ejemplo de polaridad en moléculas

Molécula	Momento dipolar (D)
HF	1,82
HCl	1,72
HBr	0,82
HI	0,44
H_2O	1,84
CH_3Cl	1,86
BF_3	0
NH_3	1,46
Cl_2	0

Tabla de polaridades de algunas moléculas

La polaridad de enlace está íntimamente relacionada con las propiedades físicas y químicas de los compuestos, ya que puede afectar profundamente los puntos de fusión, puntos de ebullición y solubilidad de una sustancia. También determina el tipo de reacción que puede afectar a una determinada molécula.

La polaridad de un enlace viene dado por el valor del momento dipolar μ, que es igual a la magnitud de la carga e multiplicado por la distancia d entre los centros de carga:

μ = e x d. Los momentos dipolares de enlace suelen ser medidos en Debye, representados por el símbolo D. Para una molécula completa, el momento dipolar molecular es determinado por el vector suma de los momentos dipolares de los enlaces individuales.

7.1.- Enlaces por puente de hidrógeno.

El agua presenta un cuadro de extraordinarias propiedades de gran importancia para la vida en la tierra, pero que pueden ser consideradas como "anómalas". Si sus propiedades fueran similares a las propiedades observadas en los hidruros de los otros miembros de su grupo: H_2S, H_2Se, H_2Te y H_2Po, el agua fundiría a unos –100°C y haría ebullición cerca de –90°C. Entonces, sería imposible encontrar agua en estado líquido a temperatura ambiente. En otras palabras, si no fuera por este conjunto de propiedades "especiales", quizá toda el agua se encontraría en forma de vapor en la atmósfera. La anomalía de las propiedades del agua se refiere al hecho de que el agua no se ajusta al cuadro de propiedades que presentan los otros hidruros de los elementos que pertenecen al mismo grupo del oxígeno en la Tabla periódica:

1.- Elevado punto de ebullición que permite al agua ser un disolvente muy estable.

2.- Elevada capacidad calorífica que permite que la evaporación sea paulatina (aspecto muy importante en el caso de la transpiración de los seres vivos).

3.- El agua en estado sólido posee menor densidad que en estado líquido (esto permite que los sistemas acuosos: lagos, ríos, lagunas, mares, se congelen sólo en la superficie y no en todo el cuerpo acuoso, lo que permite la continuidad de la existencia de la vida en el interior de esos sistemas.

Otra curiosa propiedad del agua es que para pasar de la fase líquida a la fase de vapor, el agua necesita absorber una gran cantidad de energía calórica, lo que ayuda a la estabilización de la temperatura en la tierra. Estas propiedades están íntimamente relacionadas con la forma en que las moléculas de agua interactúan entre sí.

Las atracciones que guían la orientación de las moléculas en el interior de un sistema, se conocen como fuerzas intermoleculares. En el caso particular del agua, las fuerzas conocidas como enlaces por puentes de hidrógeno son de vital importancia. Estas fuerzas son un tipo de interacción relativamente débil que se produce por la atracción entre átomos electronegativos (con tendencia a atraer electrones entre sí), como el oxígeno y los átomos de hidrógeno.

Una propiedad muy importante del agua, proporcionada también por los puentes de hidrógeno, es su elevado calor específico, lo que quiere decir que puede absorber una enorme cantidad de calor sin variar su estado físico. Esto se debe a que al aumentar la temperatura, la mayor parte de la energía incorporada al sistema se utiliza para romper puentes de hidrógeno, de modo que sólo una parte de dicha energía calorífica queda disponible para incrementar la temperatura del agua. Es por eso que el alto contenido de agua de las plantas y animales que habitan en la tierra les ayuda a mantener una temperatura interna constante.

Otra propiedad poco común del agua, es que su fase líquida es más densa que su fase sólida (hielo), esto es consecuencia de que en estado sólido aumenta el número de enlaces por puentes de hidrógeno entre las moléculas de agua y éstas forman hexámeros (complejos de seis moléculas), adoptando una estructura de mayor volumen y, por lo tanto, de menor densidad, razón por la cual el hielo flota en el agua. Si esto no ocurriera, los lagos, los ríos y mares de las regiones en donde la temperatura es muy baja, se congelarían desde el fondo hacia arriba provocando la muerte peces y otros organismos acuáticos.

Además, el enlace por puente de hidrógeno proporciona estabilidad a la conformación de las proteínas. Esto es muy importante ya que un mínimo cambio en la estructura de la proteína provocaría que ésta no cumpla con la tarea que tiene biológicamente encomendada. Ocurre de igual forma con la molécula de ADN, ya que parte de su estructura se encuentra estabilizada por puentes de hidrógeno.

Así pues el agua es un compuesto muy especial, debido a sus

INTRODUCCIÓN AL ENLACE QUÍMICO

propiedades: su punto de fusión y ebullición, su capacidad de conducir y absorber el calor, su densidad en estado líquido y en estado sólido y además, su presencia y acción en la estructura proteica. Esto es lo que hace que el agua sea indispensable para la vida en nuestro planeta.

De acuerdo a la teoría de los orbitales de enlace, las propiedades del agua radican en la simplicidad de su estructura molecular formada por dos átomos de hidrógeno y uno de oxígeno a través de dos enlaces O—H. Previamente, el oxigeno sufre un proceso de hibridación de sus orbitales atómicos, tal como se muestra a continuación:

Estado Basal: $1s^2$; $2s^2$; $2p_x^1$, $2p_y^1$; $2p_z^0$

Estado Excitado: $2s^1$; $2p_x^1$; $2p_y^1$; $2p_z^1$

Estado Hibridizado: $(sp_3)^1$; $(sp_3)^1$; $(sp_3)^1$; $(sp_3)^1$

Los enlaces O—H se forman por solapamiento de un orbital **sp³** del oxígeno y un orbital **1s** del hidrógeno. En la molécula de agua, los átomos de hidrógeno se localizan en dos vértices del tetraedro, mientras que los dos pares de electrones del oxígeno que no participan en el enlace, se localizan en los otros dos vértices.

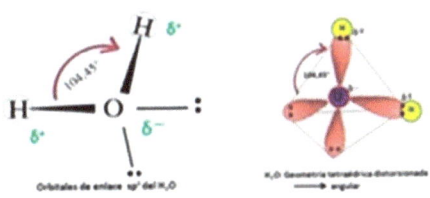

Fig. 7.1.- Orbitales de enlace en la molécula de agua

Esta disposición espacial hace que los centros de distribución de cargas positivas y negativas, no coincidan, haciendo que el agua se constituya como una molécula fuertemente polarizada.

Un tipo de atracción dipolo—dipolo especialmente fuerte, es el enlace por puente de hidrógeno, en el cual un átomo de hidrógeno sirve de puente de unión entre dos átomos electronegativos, uniendo a uno por un enlace covalente y al otro por fuerzas puramente electrostáticas. La carga neta de la molécula de agua es cero. No obstante, existe una fuerte polaridad debido a la diferencia de electronegatividades entre el oxígeno (3,5) y el hidrógeno (2,1). Esta diferencia de polaridad entre los átomos de oxígeno e hidrógeno conlleva a una fuerte deformación de la nube electrónica del enlace, favoreciendo que los electrones se encuentren más cerca del oxígeno que del hidrógeno; de esta forma el oxígeno tiene una cierta densidad de carga negativa y el hidrógeno una cierta densidad de carga positiva, formando un dipolo permanente.

La polaridad del enlace oxígeno — hidrógeno permite que se formen enlaces por puentes de hidrógeno entre moléculas de agua. El hidrógeno, al tener densidad de carga positiva, es fuertemente atraído por la densidad de carga negativa del oxígeno de las moléculas de agua vecinas. Esta atracción tiene una fuerza de 5 kcal/mol (es mucho más débil que el enlace covalente: 50 – 100 kcal/mol). Sin embargo, es mucho más fuerte que otras atracciones dipolo—dipolo. Cada molécula de agua puede unirse por puentes de hidrógeno a otras 4 moléculas en disposición tetraédrica.

El enlace por puente de hidrógeno es indicado generalmente mediante líneas discontinuas: H---F—H---F–H---F–H---F—H---F–H---

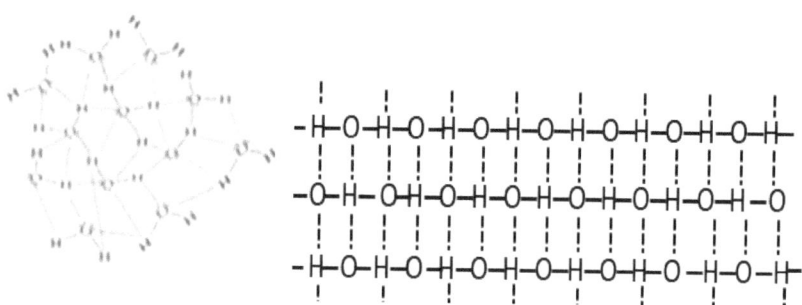

Fig. 7.2. Enlaces por puente de hidrógeno en el agua

Estos puentes de hidrógeno entre las diferentes moléculas de agua son los que permiten que el agua sea líquida en un intervalo de temperatura muy amplio (0° a 100°C). El agua en estado líquido forma una media de 3,4 uniones por puente de hidrógeno. De esta manera, el agua en estado líquido forma una extensa red de enlaces por puente de hidrógeno. Es decir, se puede concebir como una red compuesta por el agrupamiento oscilante de moléculas de agua unidas por puentes de hidrógeno que continuamente se están reorganizando. Las moléculas de agua están fuertemente unidas entre sí: la energía máxima de un puente de hidrógeno agua-agua es de unos 23,3 kJ/mol; además, hay que tener en cuenta las interacciones de Van der Waals

INTRODUCCIÓN AL ENLACE QUÍMICO

entre moléculas próximas, que pueden suponer hasta unos 5 kJ/mol adicionales. Por consiguiente es necesario suministrar mucha energía para hacer que las moléculas de agua se separen. Por esto el agua presenta las temperaturas de fusión y de ebullición, así como el calor específico, más elevado de todas las moléculas similares.

Cuando el agua está en estado sólido, es porque se han establecido los cuatro enlaces por puente de hidrógeno en todas las moléculas de agua, adquiriendo una conformación de red cristalina fija que no está en movimiento.

Para que el enlace por puente de hidrógeno sea importante, el átomo electronegativo debe pertenecer al grupo **F, O, N**. Solamente el hidrógeno enlazado a uno de estos tres átomos, es lo bastante positivo para que exista la necesaria atracción entre ellos. Estos tres elementos deben su especial efectividad a una carga negativa concentrada en átomos pequeños.

Este tipo de enlaces puede verificarse entre moléculas (intermolecularidad), o entre diferentes partes de una misma molécula (intramolecularidad). El enlace de hidrógeno es una fuerza electrostática dipolo-dipolo constante y muy fuerte cuando están muchas moléculas unidas, lo que concede una gran estabilidad al compuesto. Pero, obviamente es más débil que el enlace covalente o el enlace iónico. Suele generar una fuerza de enlace que varía entre 1 a 40 Kcal/mol, haciendo esta atracción considerablemente más fuerte que la ocurrida en la interacción van der Waals (fuerza de dispersión), pero más débil que los enlaces covalentes e iónicos. Es por esto que el agua tiene mayor punto de ebullición que otras moléculas como, por ejemplo, el amoníaco (NH3) y el fluoruro de hidrógeno (HF).

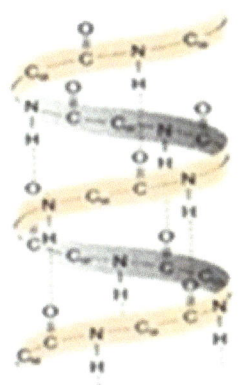

En las proteínas y en el ADN también se pueden observar los enlaces por puente de hidrógeno. En el caso del ADN, la forma de doble hélice se debe a los enlaces de hidrógeno entre los pares de bases que permiten que se repliquen estas moléculas y exista la vida tal como la conocemos. (*)

Fig. 7.3.- Molécula de ADN donde se muestran los enlaces por puente de hidrógeno

*Imagen cortesía de la página web "Todo es química".
(https://todoesquimica.blogia.com/2012/030102-enlaces-por-puente-de-hidr-geno-en-las-biomolculas.php)

En el caso de las proteínas, los hidrógenos forman enlaces entre los oxígenos y los hidrógenos de amidas; dependiendo de la posición en donde ocurra, se formarán distintas estructuras de proteína resultante. Los enlaces de hidrógeno también están presentes en polímeros naturales y sintéticos y en moléculas orgánicas que contienen nitrógeno, y aún se estudian en el mundo de la química otras moléculas con este tipo de unión. Este tipo de enlace ocurre tanto en moléculas inorgánicas (por ejemplo, agua), como en moléculas orgánicas como el ADN.

Sustancia	Temperatura de ebullición (°C)	Momento dipolar (D)
H_2O	100	1,87
NH_3	−33	2,46
HF	19,9	1,92
HCl	−85	1,08
H_2S	−60	1,1

Momento dipolar para algunas moléculas

7.2.- Fuerzas de Van Der Waals.

Dentro de una molécula, los átomos están unidos principalmente mediante fuerzas intramoleculares (enlaces iónicos, metálicos, covalentes, etc.). Estas son las fuerzas que se deben vencer si se desea producir un cambio químico en ellas. Son estas fuerzas, por tanto, las que determinan las propiedades químicas de las sustancias. Sin embargo, existen otras fuerzas intermoleculares que actúan sobre distintas moléculas o iones y que hacen que éstos se atraigan o se repelan. Estas fuerzas son las que determinan algunas propiedades físicas de las sustancias como, por ejemplo, el estado de agregación, el punto de fusión y de ebullición, la solubilidad, la tensión superficial, la densidad, etc. Por lo general son fuerzas débiles pero, al ser muy numerosas, son determinantes para el comportamiento de muchas sustancias, y se producen entre moléculas neutras, es decir, que no tienen carga, y se dan tanto en moléculas polares como en las moléculas no polares.

Aunque el término fuerzas de Van Der Waals se utiliza en forma genérica para referirse a estas fuerzas de atracción intermolecular, pueden diferenciarse claramente tres tipos en función de las características de la atracción:

1.- Atracción dipolo-dipolo o Fuerzas de Keesom (Puentes de hidrógeno).-

Fuerzas entre dos dipolos permanentes. Son las interacciones que ocurren entre moléculas que están polarizadas de manera permanente, como las moléculas de agua que atraen otras moléculas de agua u otras moléculas polares). También se conocen como fuerzas de Keesom.

2.- atracción dipolo-dipolo inducido o Fuerzas de Debye.-

Fuerza entre un dipolo permanente y un dipolo inducido. Esta fuerza se manifiesta cuando un dipolo inducido (esto es, un dipolo que se induce en un átomo o una molécula que de otra manera sería no polar) interactúa con una molécula que tiene un momento dipolar permanente, esta interacción se conoce como fuerza de Debye. Un ejemplo de esta interacción serían las fuerzas entre las moléculas de agua y las de tetracloruro de carbono.

3.- Atracción dipolo instantáneo-dipolo inducido o Fuerzas de London (Fuerzas de dispersión).-

Fuerza entre dos dipolos inducidos instantáneamente. Si las interacciones son entre dos dipolos que están inducidos en los átomos o moléculas, se conocen como fuerzas de London (por ejemplo, el tetracloruro de carbono). También se usa en ocasiones como un sinónimo para la totalidad de las fuerzas intermoleculares.

7.2.- Interacción dipolo-dipolo.

Una molécula constituye un dipolo cuando sus electrones se distribuyen de forma asimétrica, de tal forma que se crean dos regiones, que se denominan polos, uno de carga positiva y el otro con carga negativa. Esto ocurre normalmente porque la molécula está formada por átomos que tienen diferentes electronegatividades, y esto hace que los electrones tiendan colocarse alrededor del átomo más electronegativo. Cuando dos dipolos se acercan, se producirá una fuerza de atracción entre el polo positivo de uno y el polo negativo del otro, denominada fuerza de Keesom o fuerza dipolo-dipolo. Esta fuerza será mayor cuanto mayor sea la diferencia de electronegatividad entre los átomos que forman la molécula. Un ejemplo muy concreto y de gran relevancia son los puentes de hidrógeno. Estos enlaces de hidrógeno son un tipo de interacción dipolo-dipolo y como ya vimos antes, tienen lugar cuando el hidrógeno está unido de forma covalente al oxígeno, al nitrógeno o al flúor. La marcada tensión superficial del agua o su elevado punto de ebullición, se deben al gran número de enlaces por puente de hidrógeno que se establecen entre las diferentes moléculas de agua.

7.3.- Interacción dipolo-dipolo inducido.

Las fuerzas de Debye tienen lugar entre una molécula polar y otra molécula no polar. Lo que ocurre en este caso es que alguna de las cargas de una molécula polar crea una ligera distorsión en la nube de electrones de la otra molécula no polar, de tal forma que la convierte, de forma transitoria, en una molécula polar y se denomina dipolo inducido. Justo en ese momento, se genera una fuerza de atracción entre las moléculas, que recibe el nombre de fuerzas dipolo-dipolo inducido.

7.4.- Interacción dipolo instantáneo-dipolo inducido

Las fuerzas de London se dan, sobre todo, entre moléculas no polares y son el resultado de la distribución aleatoria de la nube de electrones alrededor del núcleo de los átomos. Cuando se forma un dipolo instantáneo en una molécula, provoca la formación de un dipolo inducido en la molécula de al lado, de tal forma que se genera una fuerza de atracción transitoria entre ambas moléculas.

8.- TEORÍA DE HIBRIDACIÓN DE ORBITALES

8.1.- El caso de las moléculas tipo $BeCl_2$.

El átomo de Berilio, con una configuración basal $1s^2$, $2s^2$ podría inducirnos a esperar que se comportase como un gas inerte como el Neón, y no formara ningún enlace. No obstante, si el átomo de Berilio recibe suficiente energía, uno de sus electrones **2s** puede ser promovido a un orbital **2p**, presentando un estado excitado $1s^2$, $2s^1$ $2p^1$, con 2 electrones no apareados, con los que podría unirse con electrones procedentes de otros dos átomos X, dando lugar a la molécula tipo BeX_2. Normalmente cabría esperar que la energía desprendida al formarse los dos enlaces Be—X, fuese mayor que la energía necesaria para promover uno de los electrones **2s**. Para describir tales moléculas podemos usar el método del enlace de valencia o la Teoría del Orbital Molecular.

Desde el punto de vista de la T.E.V., Podríamos visualizar los enlaces del $BeCl_2$ en dos etapas: primero, por el orbital $2p_x$ y luego por el orbital **2s**. El orbital $2p_x$ del Be se solapa con un orbital $3p_x$ del Cloro para formar un fuerte y bien definido enlace σ, siendo mejor la superposición cuanto más colineales sean los orbitales del Berilio y del Cloro. El segundo enlace Be—Cl estaría definido con menor claridad, ya que el orbital **2s** del Berilio es de simetría esférica, y por consiguiente, se superpone igualmente bien en cualquier dirección. Indudablemente, la repulsión mutua entre los dos átomos de Cloro y entre los dos pares de electrones enlazantes, tendería a producir un gran ángulo Cl—Be—Cl; pero no podría predecirse a priori ningún valor en base a la máxima superposición posible. Esta representación que hace la T.E.V. de la formación de los dos enlaces Be—Cl a partir de diferentes orbitales del Berilio, describe una estructura con ángulos de enlace mal definidos y diferentes contenidos energéticos. He aquí una grave deficiencia de la T.E.V.

Sin embargo, está perfectamente comprobado que en los compuestos simples del Berilio divalente, ambos enlaces son colineales y completamente equivalentes. Por eso parece necesario atribuir esta igualdad de los enlaces, al uso por parte del átomo de Berilio, de dos orbitales equivalentes; por lo que se supone que el Berilio no utiliza simples orbitales **2s** y **2p$_x$** sino una combinación de ellos. En consecuencia, se obtienen soluciones a la ecuación de ondas de Schrödinger que describen un estado de energía u orbital capaz de acomodar a dos electrones con spines paralelos. La nube de carga del orbital **p** se concentra a lo largo de un eje internuclear (la fusión con la nube de carga del orbital **s** extiende esta concentración a lo largo de dicho eje). El punto importante es que los dos electrones ocupan una cierta región del espacio que puede ser descrito bien como dos orbitales híbridos **sp**, o como un orbital **s** y un orbital **p**; pero con la nube de carga total permaneciendo simétrica a lo largo del eje.

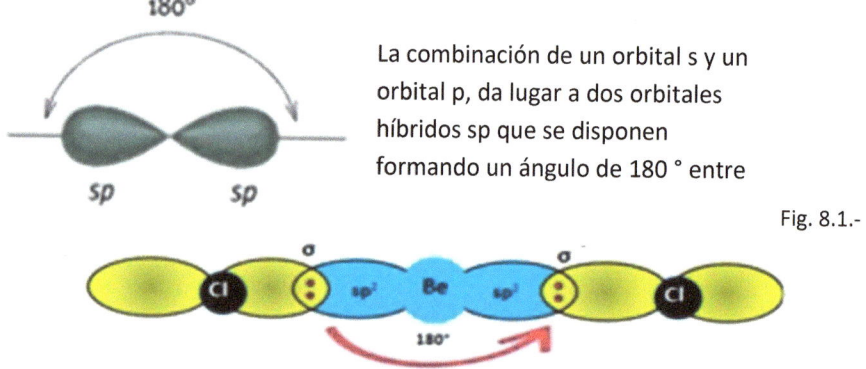

La combinación de un orbital s y un orbital p, da lugar a dos orbitales híbridos sp que se disponen formando un ángulo de 180 ° entre

Fig. 8.1.-

Fig. 8.1.1.- Orbitales híbridos en la molécula de BeCl$_2$

Entonces, la formación de la molécula de BeCl$_2$ se puede representar por la superposición de los orbitales híbridos **sp** del Berilio con los orbitales **3p$_x$** de los átomos de cloro. Para que la superposición sea más efectiva, los dos enlaces Be—Cl deben ser colineales y equivalentes.

Visto lo anterior, ¿cómo se puede explicar la existencia de la molécula de BCl$_3$? De acuerdo a su configuración electrónica, 1s2, 2s2 2p1, y en concordancia con la T.E.V., la covalencia del Boro sería 1 y sólo podría reaccionar con un solo átomo de Cloro. En consecuencia, para explicar la existencia de moléculas como BCl$_3$, BF$_3$ y otras del mismo tipo, es necesario que se produzca antes, la promoción electrónica de un electrón desde el orbital **2s** hasta el orbital **2p** y luego formarse 3 orbitales híbridos sp², cada uno de los cuales se solapa con un orbital **p** del Cloro. Siguiendo el mismo criterio anteriormente aplicado, la molécula de BCl$_3$, se formaría así:

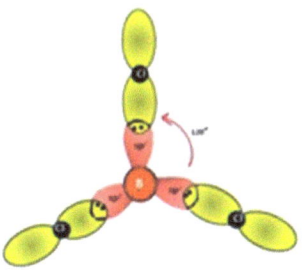

Fig. 8.2.- Molécula de BCl$_3$

8.2.- Los enlaces en el átomo de Carbono.

El carbono, en su estado basal presenta la configuración: 2s²; 2s²; 2px¹; 2py¹. Ahora bien, ¿cómo puede formar el carbono cuatro enlaces si sólo tiene disponibles dos orbitales **p** medio llenos? Esta interrogante viene de la observación experimental de que los cuatro enlaces C–H están orientados en forma tetraédrica alrededor del carbón central, y cada enlace tiene la misma longitud y la misma energía. Para ser capaces de explicar estas observaciones, la teoría de enlaces de valencia debe basarse en el concepto de hibridación orbital: los cuatro orbitales de valencia del carbón, un orbital 2s y tres orbitales 2p, se combinan matemáticamente (recuerde que los orbitales atómicos son descritos mediante ecuaciones) para formar cuatro orbitales híbridos, llamados orbitales sp³ con un electrón cada uno. En la nueva configuración de electrones, cada uno de los cuatro electrones de valencia en el carbono ocupa un orbital sp³.

La teoría de la hibridación debió ser formulada para explicar apropiadamente la geometría de ciertas moléculas (ángulos y distancias internucleares) y la covalencia de ciertos átomos. La teoría postula que, previo a la formación del enlace covalente, se produce la hibridación de orbitales atómicos, es decir, la "mezcla" de orbitales que da lugar a nuevos orbitales de enlace con propiedades geométricas diferentes a las de los orbitales originales. El número de orbitales híbridos formados, es igual al número de orbitales atómicos que se combinan; y sus formas y orientaciones dependen de la cantidad y tipo de orbitales atómicos que constituyen el orbital híbrido.

Por ejemplo, el carbono forma cuatro enlaces en compuestos parafínicos como el metano, CH$_4$, el etano, C$_2$H$_6$, etc., así como en los demás compuestos saturados. El número atómico del Carbono es 6. Por lo tanto, contiene un total de 6 electrones, cuya configuración es 1s² 2s² 2p², por lo que su covalencia debería ser 2, cuando en la realidad el carbono es tetravalente. Para el proceso de hibridación se requiere que uno de los electrones del orbital **2s** se excite y se desplace hacia al orbital vacío **p** de ese mismo nivel energético.

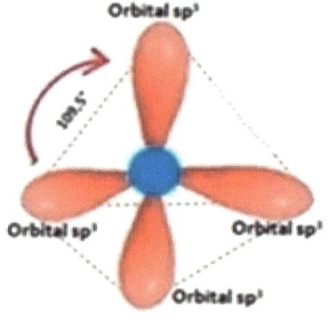

La combinación de un orbital **s** y 3 orbitales **p**, generan 4 orbitales híbridos sp³ que se disponen formando un tetraedro con ángulos de

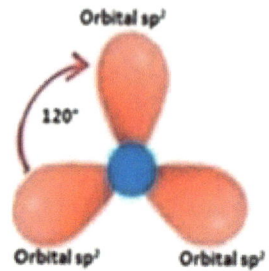

La combinación de un orbital **s** y 2 orbitales **p**, generan 3 orbitales híbridos sp² que se disponen formando un triángulo plano con ángulos de 120 °

Fig. 8.3.- Geometrías en moléculas con hibridación sp² y sp³

Entonces, aplicando la regla de Hund, ahora tenemos la configuración: $1s^2\ 2s^1\ 2px^1\ 2py^1\ 2pz^1$. Al culminar la excitación electrónica, todos los orbitales del segundo nivel poseen un electrón desapareado. Ahora la covalencia es 4 y por ese motivo puede enlazarse con 4 átomos de hidrógeno; pero se formarían 3 enlaces idénticos (los que usarían los 3 orbitales **p**), y uno diferente (el que utilizaría el orbital **s**). Sin embargo, la experiencia revela que todos los enlaces del carbono son exactamente iguales, lo cual hace pensar que previamente a la formación de un enlace covalente, los 4 orbitales de la capa de valencia se combinan entre sí, obteniéndose el mismo número de orbitales, pero ahora todos idénticos. En este caso, cuatro orbitales híbridos sp³ orientados hacia los vértices de un tetraedro regular, con ángulos cercanos a 109.5°, se solaparán con los orbitales **s** de cuatro átomos de hidrógeno.

INTRODUCCIÓN AL ENLACE QUÍMICO

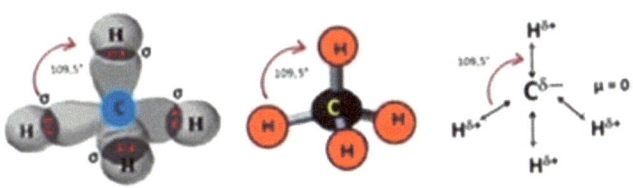

Fig. 8.4.- Molécula de CH$_4$: Apolar, con solapamiento s–sp^3 y geometría tetraédrica

Los orbitales híbridos sp^3, tal como los orbitales p, tienen una forma oblonga, y están formados por dos lóbulos de los signos opuestos. Sin embargo, los dos lóbulos tienen tamaños muy diferentes. Los lóbulos más grandes de los orbitales híbridos sp^3 se dirigen hacia los cuatro vértices de un tetraedro.

8.3.- La molécula de etano.

Los enlaces en el etano, son similares a los del metano. Los dos carbonos poseen orbitales híbridos sp3, lo que significa que los dos tienen cuatro enlaces dispuestos con geometría tetraédrica. Todos son enlaces sigma. Los demás miembros de la familia de las parafinas presentan estas mismas propiedades. Un enlace simple C – C puede presentar rotación libre alrededor del eje internuclear. Este hecho es de gran importancia cuando se analiza la conformación espacial de las moléculas orgánicas.

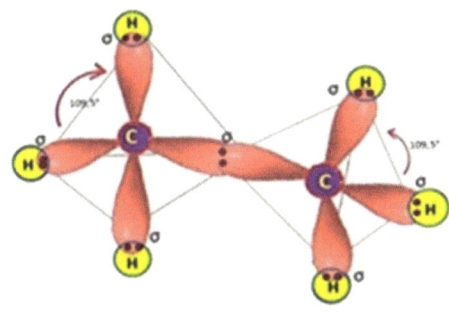

Fig. 8.5.- Molécula de Etano

Los enlaces en la molécula de etano son similares a los del metano. Los dos átomos de carbono utilizan orbitales híbridos sp^3. El enlace C—C, con una longitud de 1,54 Å, se forma a partir de la superposición de un orbital sp^3 de cada uno de los carbonos, mientras que los seis enlaces C—H se forman a partir del traslape entre los orbitales sp^3 y los orbitales **s** de los átomos de hidrógeno.

La molécula de amoniaco también se puede explicar utilizando orbitales híbridos sp³. La diferencia estriba en que en la molécula de amoniaco, el nitrógeno tiene 5 electrones en su capa de valencia y se une con tres átomos de hidrógeno para completar el octeto de electrones. Esto daría lugar a la geometría tetraédrica casi regular con cada ángulo de enlace cercano a 109,5°. Sin embargo, el par de electrones libres del átomo de nitrógeno ejerce un mayor efecto de campo y comprime el ángulo de enlace de los tres átomos de hidrógeno, de manera que la geometría se distorsiona formando una pirámide trigonal, con ángulos de enlace de 107°. Este orden geométrico permite que los cuatro orbitales y sus electrones, se ubiquen tan lejos el uno del otro como sea posible.

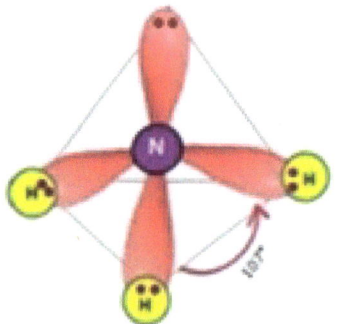

El nitrógeno (Z = 7), presenta la configuración $1s^2$; $2s^2$; $2p^5$. El orbital **s** y los 3 orbitales **p** se hibridizan formando 4 nuevos orbitales híbridos **sp3** con el consiguiente arreglo electrónico: $(sp^3)^2$; $(sp^3)^1$; $(sp^3)^1$:

Fig. 8.6.- Molécula de NH_3

8.4.- El doble enlace Carbono—Carbono

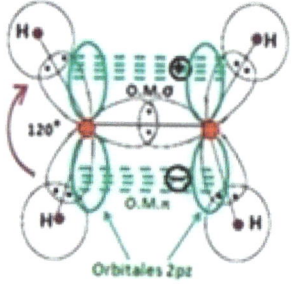

C (**Estado Basal**): $2s^2$; $2px^1$; $2py^1$; **2pz**

C (**Edo. Excitado**): $2s^1$; $2px^1$; $2py^1$; **$2pz^1$**

C (**Edo. Hibridizado**): $3(sp^2)^1$; $(sp^2)^1$

Geometría: triangular plana

Ángulos de enlace: 120°

Fig. 8.7.- Construcción de la molécula de Etileno

Como podemos ver, en la molécula de eteno, el orbital **s** de cada carbono se hibridiza con dos de sus tres orbitales **p**, y se forman 3 orbitales **sp²** enlazantes. Uno de ellos se ubica a lo largo del eje internuclear para enlazarse con el otro carbono. Los otros dos orbitales híbridos se utilizan para enlazar con dos átomos de hidrógeno. El orbital **p** remanente se solapa en forma paralela con el orbital **p** del otro átomo de carbono para formar un orbital π constituido por dos nubes electrónicas de cargas opuestas y situadas por encima y por debajo del plano de la molécula. (Representado de color verde en la figura. Sólo se puede formar un enlace sencillo entre dos átomos por solapamiento σ. En enlaces múltiples, un enlace se forma por solapamiento frontal σ, y el resto por solapamiento lateral π.

8.5.- El triple enlace Carbono—Carbono.

El miembro más sencillo de la familia de los alquinos es el acetileno. Usando el mismo método aplicado a la estructura del etileno, llegamos a una conformación en la cual cada uno de los átomos de carbono comparte tres pares de electrones con otro átomo de carbono. Es decir, los carbonos están unidos por un triple enlace, que es el hecho distintivo de los alquinos.

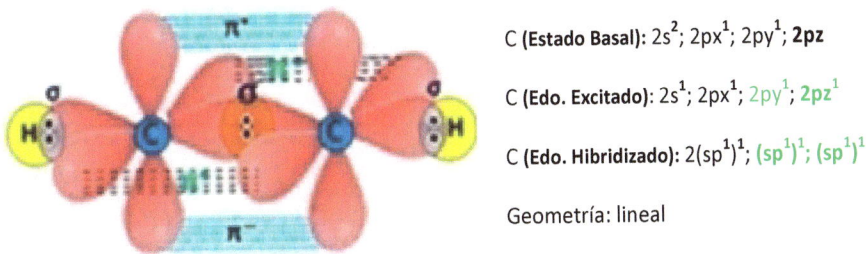

C (Estado Basal): $2s^2$; $2px^1$; $2py^1$; **2pz**

C (Edo. Excitado): $2s^1$; $2px^1$; $2py^1$; $2pz^1$

C (Edo. Hibridizado): $2(sp^1)^1$; $(sp^1)^1$; $(sp^1)^1$

Geometría: lineal

Fig. 8.7.- orbitales moleculares en la molécula de Acetileno (Etino)

En cada carbono se mezclan un orbital s y un orbital p formando 2 nuevos orbitales $(sp)^1$ que se sitúan a lo largo de una recta que pasa por los dos núcleos de carbono, por lo que el ángulo de enlace es de 180 °.

Fig. 8.8.- Orbitales moleculares en la moléculas de acetileno

En la formación de los orbitales híbridos **sp** ya descritos, cada átomo de carbono hace uso de uno solo de los tres orbitales **p**, quedando un remanente de dos orbitales **p** con un electrón cada uno. Estos orbitales **p** consisten en dos lóbulos iguales, cuyos ejes está situado en ángulo recto con respecto a los otros orbitales **p** y con respecto a la línea de los orbitales **σ**. Cada uno de los orbitales **p** está ocupado por un solo electrón. La suma de los dos orbitales **p** perpendiculares, no equivale a cuatro lóbulos, sino a una nube π con forma de dona que envuelve al eje internuclear. El solapamiento de los orbitales **p** de un carbono, con los orbitales **p** del otro átomo de carbono, permite el apareamiento de los electrones.

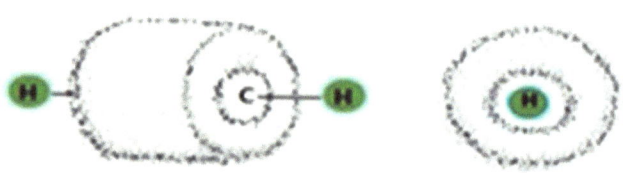

La figura anterior muestra una vista frontal y lateral de la molécula de Acetileno. Cuando se juntan (superponen) los dos enlaces π formados (Uno por encima y por debajo, y el otro por delante y por detrás del plano de la molécula), producen una especie de envoltura cilíndrica alrededor de la línea que une los dos núcleos de carbono. Este arreglo permite a los orbitales híbridos mantener la máxima separación posible entre sí.

8.6.- Moléculas con direcciones de enlace no equivalentes.

En moléculas como el amoníaco o el eteno, todos los orbitales disponibles para enlace, no tienen por qué ser exactamente iguales, ya que juegan papeles diferentes. Por ejemplo, en el NH_3 se observa que 3 de ellos sirven para enlazar el átomo de nitrógeno con átomos de hidrógeno, mientras que el cuarto orbital hibridizado aloja un par de electrones libres.

En el etileno (C_2H_4), dos de los tres orbitales híbridos sp^2 formados enlazan el átomo de carbono con los átomos de hidrógeno, mientras que el tercer orbital híbrido enlaza el mismo átomo de carbono con el otro átomo de carbono. En dichos casos se pueden esperar ciertas diferencias en la hibridación prevista.

Para el H_2O, o para el H_2S, podemos pensar en dos modelos extremos. Posiblemente el modelo propuesto por la teoría de orbitales híbridos sea más real para el H_2O, ya que el ángulo del enlace H–O–H es de 104,5°. Por otro lado, el modelo sin hibridación tal vez sea más idóneo para explicar la formación del H2S, ya que el ángulo del enlace H–S–H es de 92°. Sólo mediante el cálculo mecano-cuántico correspondiente, se podría

INTRODUCCIÓN AL ENLACE QUÍMICO

confirmar esa previsión. Lamentablemente, esa posibilidad cae fuera de los objetivos de esta obra.

Es necesario tener claro que una estructura de enlace de valencia es similar a una estructura de Lewis; sin embargo, existen moléculas en las que pueden escribirse varias estructuras de los enlaces de valencia donde no puede escribirse una única estructura de Lewis. Cada una de estas estructuras del enlace de valencia representa una estructura de Lewis específica. La combinación de las estructuras del enlace de valencia es el punto principal de la teoría de resonancia.

8.7.- El concepto de Resonancia

Cuando queremos dibujar la estructura de Lewis para la molécula de Ozono, por ejemplo, podemos colocar el doble enlace entre el carbono y el oxígeno en cualquier extremo de la molécula, tal como se muestra a continuación:

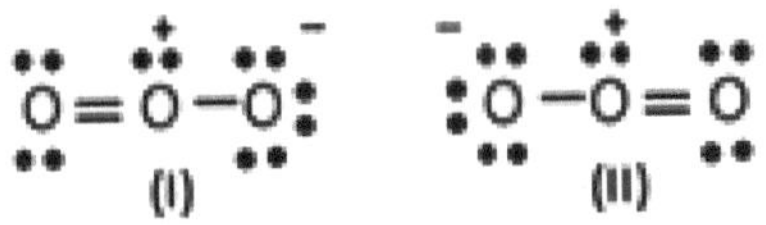

No obstante, ninguna de las estructuras presentadas explica las longitudes de enlaces conocidas en el Ozono. Sabemos que los enlaces dobles son más cortos que los enlaces simples, por lo cual esperaríamos que el enlace O—O fuese mayor que el doble enlace O = O. sin embargo, los datos experimentales indican que los dos enlaces oxígeno-oxígeno tienen la misma longitud. Entonces, para resolver esta discrepancia, se utilizan las dos estructuras de Lewis para representar la molécula de ozono:

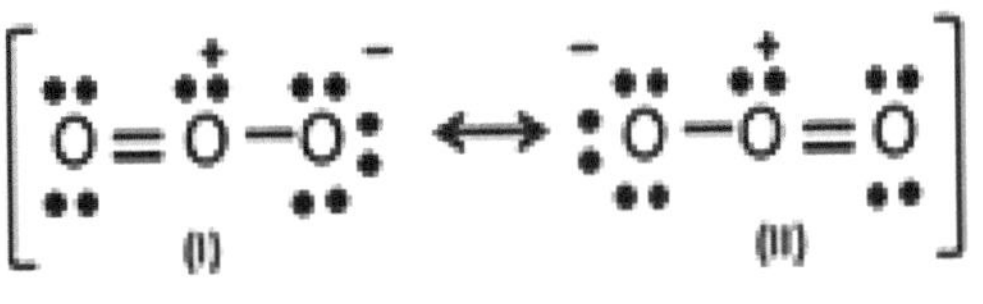

Fig. 8.10.- estructuras de resonancia para la molécula de Ozono

Cada una de estas estructuras recibe el nombre de "estructuras de resonancia". En consecuencia, una estructura de resonancia es una de las varias estructuras de Lewis, de una molécula que no se puede representar exactamente con una sola estructura de Lewis.

El término resonancia (también denominada Mesomería), implica el empleo de dos o más estructuras de Lewis para representar una determinada molécula. Es decir, se describe una molécula real en términos de dos o más estructuras que nos resultan familiares, pero que en realidad no existen. Es necesario tener siempre en cuenta que ninguna de las estructuras de resonancia representa adecuadamente a la molécula real, la cual tiene su propia y única estructura estable. El concepto de resonancia es una invención de los químicos diseñada para mejorar las limitaciones de los modelos conocidos de enlace químico.

Otro ejemplo de resonancia, lo representa el ion carbonato:

$$\left[\ddot{\underset{..}{O}} = \overset{\overset{\displaystyle \ddot{O}}{\|}}{C} - \ddot{\underset{..}{O}} \; \longleftrightarrow \; \ddot{\underset{..}{O}} = C - \ddot{\underset{..}{O}} \; \longleftrightarrow \; \ddot{\underset{..}{O}} - C = \ddot{\underset{..}{O}} \right]$$

El concepto de resonancia se aplica también a los sistemas orgánicos. Por ejemplo, en la molécula del benceno (C_6H_6). Los datos experimentales para el benceno indican que la distancia entre todos los átomos de carbono vecinos es de 140 pm, un valor que está entre la longitud de un enlace simple C—C, (154 pm), y un enlace doble C=C, (133 pm). Esto ratifica el hecho de que ninguna de las dos estructuras que intentan representar las propiedades del benceno refleja exactamente las propiedades de este compuesto aromático.

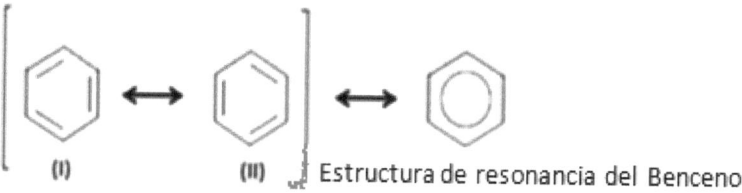

Estructura de resonancia del Benceno

Fig. 8.12.- Resonancia en la molécula de Benceno.

La estructura resonante debe considerarse como una mezcla de las distintas estructuras, y éstas no deben ser vistas como un equilibrio o intercambio rápido entre ellas. En términos de la Mecánica Cuántica, la distribución electrónica de cada una de las estructuras se representa mediante una función de onda, siendo la función de onda real ψ una combinación lineal de las funciones de onda correspondientes a cada una de las estructuras resonantes o formas canónicas:

$\psi_E = c_1\Phi_1 + c_2\Phi_2$,

Cada una de las funciones de onda contribuyen de igual forma a la función de onda real de la molécula Ψ porque ambas tienen el mismo contenido energético, por lo que en este caso $c_1 = c_2$ La estructura global se conoce como híbrido en resonancia.

La resonancia es tanto más importante cuando existen varias estructuras contribuyentes con la misma energía, como se ha descrito para la molécula de O_3. En estos casos todas las estructuras resonantes contribuyen de igual forma al híbrido en resonancia. Pero si las distintas estructuras resonantes tienen diferentes energías, la contribución al híbrido en resonancia será tanto menos importante cuanto mayor sea la energía de la estructura. En otras palabras, las formas resonantes que más se asemejan a la forma real, son aquellas que representen menor contenido energético.

La resonancia tiene dos consecuencias importantes: a) promediar las características de los enlaces de la molécula y b) reducir la energía del híbrido en resonancia, de manera que ésta será siempre inferior a la de cualquier estructura contribuyente. Así, por ejemplo, la energía del híbrido de resonancia de la molécula de Ozono es menor que la de cada estructura resonante por separado.

C.G.H.R.

9.- TEORÍA DE LOS ORBITALES MOLECULARES

Muchas moléculas no son explicadas correctamente a través de la teoría de Lewis ni con la Teoría de Enlaces de Valencia. Un ejemplo es el diborano (B_2H_6), que es un compuesto electro-deficiente, por lo que no posee suficientes electrones de valencia para poder asignarle una estructura de Lewis. Otro ejemplo es el O_2 que es una molécula paramagnética, mientras que la teoría de Lewis y la T.E.V. predicen que debería ser diamagnética.

Ya hemos visto que la táctica de describir los enlaces en base a electrones dirigidos hacia sitios específicos según la geometría de la molécula, es de gran utilidad para disponer de una interpretación de los enlaces químicos. Sin embargo, existen algunos problemas que la T.E.V. no puede resolver y que se solucionan mediante el uso de la Teoría de los Orbitales Híbridos, y la Teoría de Orbitales Moleculares.

La T.O.M., difiere del tratamiento que hace la Teoría de Orbitales Híbridos en varios aspectos. El principal de ellos, es el que se refiere al hecho de que en esta última, los orbitales híbridos se construyen para mostrar la formación de enlaces " dirigidos" o localizados, a diferencia de los orbitales moleculares que son más generales en su planteamiento para describir la configuración electrónica de las moléculas.

En la formación de orbitales híbridos, se supone que los electrones están localizados en los enlaces, lo cual no es totalmente correcto. Mas bien, lo que existe es una alta probabilidad de que la carga electrónica se ubique en la dirección de los enlaces, no descartando el hecho de que también puedan ocupar otras regiones de la molécula. En algunos casos este inconveniente es corregido mediante el uso de las llamadas "estructuras de resonancia".

En la formación de enlaces con participación de orbitales híbridos, es necesario disponer de pares de electrones, compartidos o no, para dirigirlos hacia posiciones específicas de la geometría molecular. Pero, ¿qué ocurre en las moléculas que presentan electrones no apareados? Esta situación no la contempla el esquema de orbitales híbridos.

Para comenzar el estudio de los orbitales moleculares, veamos lo que sucede con la molécula H_2. De acuerdo con la figura 6.13 de la página 80, sabemos que cuando se forma un enlace H-H, se libera una cantidad de energía equivalente a 458 kJ/mol. Esto significa que la molécula de H_2, comparada con los átomos separados H + H, es 458 kJ/mol más estable que los átomos que la constituyen (considerados cada uno con una energía de 0 kJ/mol). Todos estos hechos se muestran en el referido diagrama donde se observa que la separación entre los H en la situación de equilibrio, es de 74 pm. (Este es el valor de la longitud del enlace H-H). (1pm = 1 x 10^{-12} m).

El diagrama describe bastante bien el hecho que cada H contiene un electrón en un orbital atómico **1s** cuando los átomos están infinitamente separados. Diremos entonces que la base de los orbitales atómicos {1sa, 1sb}, es una buena descripción de los átomos separados. Sin embargo, cuando la distancia de separación se acerca a 74 pm, que es la distancia de equilibrio, vemos que las órbitas atómicas $1s_a$ y $1s_b$ de los dos átomos se interpenetran (se solapan) recíprocamente, y observamos que en la vecindad del átomo "a", el orbital atómico $1s_a$ describe bastante bien la zona por donde se mueven los 2 electrones de la molécula. Lo mismo ocurre con el orbital atómico $1s_b$ en la vecindad del átomo "b". Además, observamos que "entre H_a y H_b realmente la combinación lineal 1sa + 1sb también describe apropiadamente la zona por donde pueden estar los 2 electrones de la molécula. Esto nos lleva a plantear que es una buena idea escribir la combinación lineal $\{c_1 1S_a + c_2 1S_b\}$ para la molécula H_2, donde (c_1, c_2) son constantes de "mezcla".

Esto da cuenta de la forma que tiene un orbital en la molécula y define así un Orbital Molecular. Sin embargo, también será lícito que la combinación negativa $\{c_1 1S_a - c_2 1S_b\}$ sea una buena opción para la descripción de la molécula. En síntesis, vemos que de dos orbitales atómicos, se forman 2 orbitales moleculares, de modo que podemos escribir la combinación lineal así:

$$\{1Sa, 1Sb\} = [c_1 1S_a + c_2 1S_b \; ; \; c_1 1S_a - c_2 1S_b]$$
Átomos   **Molécula**

En esta expresión, los coeficientes de mezcla o de participación de

INTRODUCCIÓN AL ENLACE QUÍMICO

cada orbital atómico (c1 y c2), deben encontrarse mediante un complejo cálculo molecular de la estructura electrónica para la molécula de H_2. Observe que partiendo de 2 orbitales atómicos se obtienen 2 orbitales moleculares, de modo que los átomos aislados ya no existen en la molécula. En resumen, la combinación con los coeficientes correctos es: σ = [1sa + 1sb] para el orbital enlazante sigma, mientras que σ^* = [1sa − 1sb] lo es para el orbital antienlazante sigma.

La teoría del orbital molecular, propuesta por Hund y Mulliken, comporta la utilización de un aparataje matemático complejo que dificulta su uso en la determinación de estructuras moleculares en moléculas con más de dos átomos. Por ello, y porque la T.E.V. es más intuitiva, su utilización es muy reducida a niveles básicos, si bien aporta explicaciones muy claras a algunos fenómenos como las propiedades magnéticas de algunas moléculas.

El caso más sencillo es el de la interacción de dos átomos, cada uno con un solo orbital atómico ocupado por un único electrón, como es el caso de la formación de la molécula de hidrógeno, que ya consideramos desde el punto de vista de la T.E.V. La descripción del enlace H-H es muy similar a la descripción de los enlaces en moléculas más complejas. Cuando los dos orbitales atómicos 1s de dos átomos de hidrógeno interaccionan, se transforman en dos orbitales moleculares, uno enlazante, que es ocupado por los dos electrones, y que dejan de pertenecer a cada uno de sus núcleos para pasar a pertenecer a los dos núcleos atómicos, y otro antienlazante, que en este caso, quedará vacío. El orbital enlazante es el resultado de la suma de los dos orbitales atómicos: $\psi_E = \Phi_1 + \Phi_2$, mientras que el orbital antienlazante es el resultado de la otra combinación posible, la resta de los dos orbitales atómicos 1s de los átomos de hidrógeno: $\psi_A = \Phi_1 - \Phi_2$.

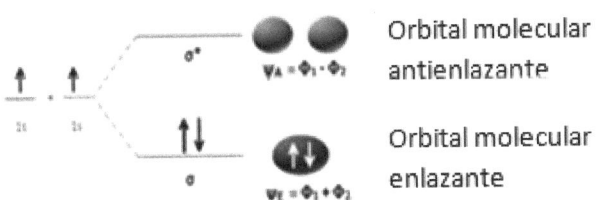

Aquí, ψ_E define la función de onda del orbital molecular enlazante, y ψ_A define la función de onda del orbital molecular antienlazante, siendo:

$\Phi_1 = \sigma = [1sa + 1sb]$ y $\Phi_2 = \sigma^* = [1sa - 1sb]$

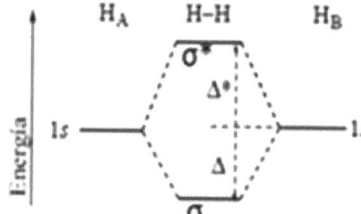

El diagrama de energías de los orbitales moleculares para la molécula de hidrógeno, muestra los contenidos energéticos inicial y final, así como la disminución de energía alcanzada cuando se forma el sistema

Fig.9.3.- Diagrama de energía para la molécula de H_2

Como podemos ver, el contenido energético del orbital estabilizante Δ es menor que el contenido energético del orbital desestabilizante $\Delta*$. Esto implica que las interacciones entre los 2 orbitales son estabilizantes si ocurren entre 2 electrones; pero si se verificara entre 4 electrones, el resultado sería nulo, pues el efecto estabilizador del orbital enlazante sería cancelado por el efecto desestabilizador del orbital antienlazante, por lo que no se formaría la molécula.

De acuerdo con el principio de exclusión de Pauli, los dos electrones que se sitúan en el orbital molecular σ enlazante deben tener espines opuestos. Así mismo, en este orbital la densidad electrónica se concentra simétricamente en la región comprendida entre los dos núcleos, o dicho de otra manera, la máxima probabilidad de encontrar los electrones se encuentra en el eje internuclear, donde los dos electrones son atraídos electrostáticamente por ambos núcleos, disminuyendo así la energía del sistema. Es decir, los electrones situados en un orbital molecular σ enlazante tienden a mantener unidos los dos núcleos de sus correspondientes átomos. Por el contrario, la probabilidad de encontrar los dos electrones en el orbital molecular σ* antienlazante entre los dos núcleos es mínima, llegando a cero en el plano nodal. Como consecuencia de ello, la atracción electrostática entre electrones y núcleos disminuye al mismo tiempo que aumenta la repulsión entre los núcleos. La energía del sistema es superior a la de los dos átomos aislados y los electrones que puedan situarse en el orbital antienlazante tenderán a separar los dos átomos.

La teoría de los orbitales moleculares aplicada a la molécula de hidrógeno es relativamente sencilla por estar implicados solamente dos orbitales atómicos **s** y únicamente dos electrones. Pero en las moléculas

INTRODUCCIÓN AL ENLACE QUÍMICO

poliatómicas con más de dos núcleos y varios orbitales atómicos, el tratamiento es mucho más complicado, pues, para llegar a conocer con exactitud la situación más estable del conjunto de los átomos de la molécula, habría que considerar orbitales moleculares que comprendieran más de dos núcleos o, incluso, a la molécula entera.

Resumiendo: los orbitales moleculares resultantes se pueden explicar como un traslape de los orbitales iniciales de cada uno de los átomos. Así, se tiene que los orbitales solapados generan una zona de mayor estabilidad, pero también generan una región de menor estabilidad que los orbitales originales.

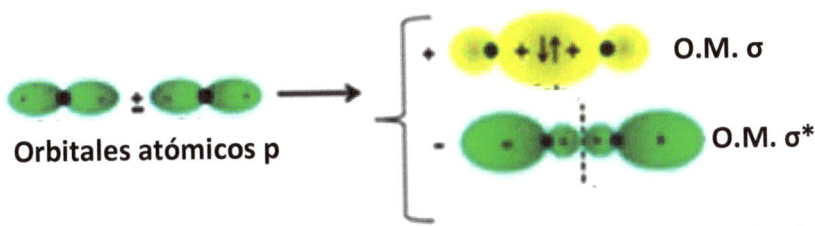

Los 2 orbitales atómicos **p** se combinan para formar 2 orbitales moleculares, uno de enlace (π) y uno de antienlace (π*)

Por otro lado, para los orbitales **p**, el solapamiento es diferente, ya que depende de la dirección espacial de los orbitales atómicos solapados; obteniéndose orbitales solapados horizontalmente, y otros que lo hacen verticalmente, tal como se muestra en la siguiente figura:

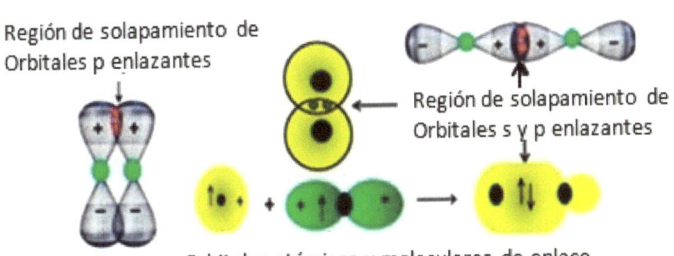

Fig. 9.4.- Probabilidades de solapamiento de orbitales **s** y **p**

Los orbitales moleculares se construyen mediante una combinación lineal de orbitales atómicos de los átomos que forman parte de la molécula (Método C.L.O.A.). Todos los átomos de la molécula contribuyen con sus orbitales atómicos para formar los orbitales moleculares. En los átomos, los electrones ocupan orbitales atómicos, pero en las moléculas ocupan orbitales moleculares que envuelven la molécula.

9.1.- Diagramas de energía en mezclas de orbitales

En el siguiente diagrama de interacción se muestran el orden de llenado y los niveles de energía de los orbitales atómicos y moleculares que contribuyen a cada orbital molecular.

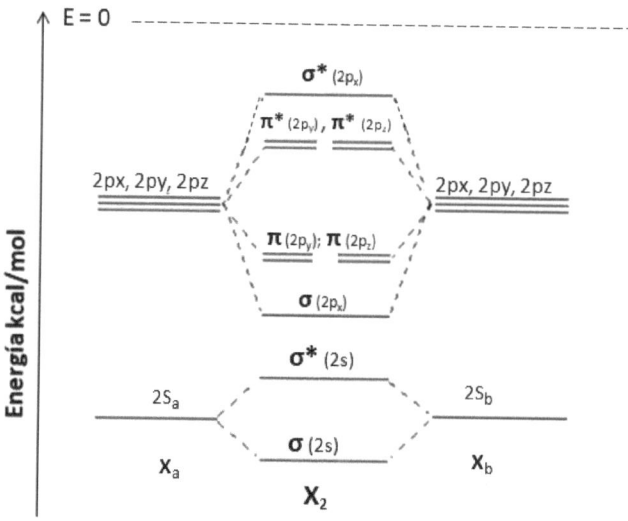

Teóricamente, el orden de llenado de los orbitales de los orbitales moleculares es: $1\sigma^2$; $1\sigma^{*2}$; $2\sigma^2$; $2\sigma^{*2}$; $2\sigma(p_x)^2$; $2\pi(2p_y)^2$; $2\pi(2p_z)^2$; $2\pi^*(2p_y)^2$; $2\pi^*(2p_z)^2$; $2\sigma(p_x)^{*2}$. No se consideran los electrones de los orbitales 1s por ser de baja energía, y generalmente no participan en los enlaces.

Fig. 9.5.- Diagrama general de llenado de orbitales moleculares para moléculas tipo X_2

9.2.- Propiedades de las moléculas

Si la molécula tiene electrones desapareados, se dice que es paramagnética (es repelida por campos magnéticos).

Si la molécula no tiene electrones desapareados, se dice que es diamagnética(es atraída por campos magnéticos).

El Orden de Enlace de una molécula viene dado por la siguiente relación:

INTRODUCCIÓN AL ENLACE QUÍMICO

Orden de enlace (o de unión) = (número de electrones en orbital de enlace — número de electrones en orbital de antienlace) / 2. Veamos algunos ejemplos prácticos:

1.- Para la molécula de hidrógeno, tenemos:

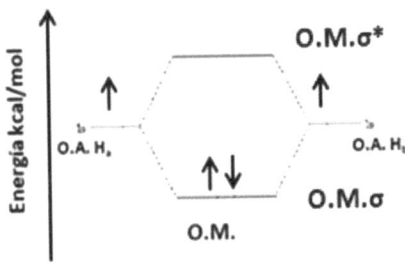

Fig. 9.6.- Diagrama de orbitales moleculares para el H_2.

Características: Orden de Enlace = $(2 - 0)/2 = 1$

La molécula de H_2 es diamagnética (No tiene electrones desapareados).

Multiplicidad del Espín = $2(S) + 1 = 2(0) + 1 = 1$. (La molécula de H_2 forma lo que se conoce como singulete)

2.- ¿Es posible la formación de la molécula de He_2?

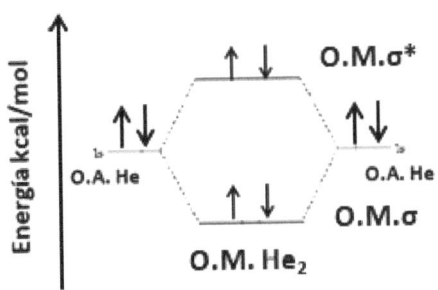

El diagrama de orbitales moleculares indica que el orden de enlace, O.E. = $(2 - 2)/2 = 0$.

Por consiguiente, la molécula de He_2 no se puede formar

Fig. 9.7.- Diagrama de orbitales moleculares para la hipotética molécula diatómica de He_2

Se denomina multiplicidad de espín de un determinado nivel de energía, al valor definido como **2S +1**, donde S es el momento angular de espín total. Por lo general, la multiplicidad de espín es igual a la cantidad de electrones desapareados de un átomo o molécula más uno.

El Spin es un momento angular intrínseco que pueden tener las partículas por el mero hecho de existir, y no está asociado con el giro o el movimiento. **El spin del electrón es 1/2,** el del fotón es 1, el del bosón de Higgs es 0. El espín del protón, el núcleo del átomo de hidrógeno, también es ½.

3.- Para el ion He_2^{+1} tenemos que:

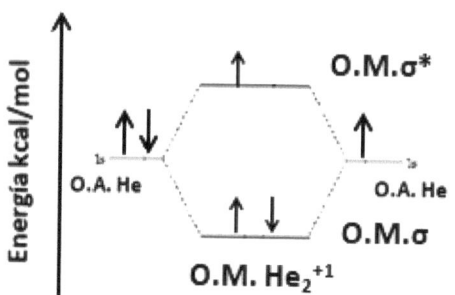

El diagrama de orbitales moleculares indica que el orden de enlace, O.E. = (2 −1) / 2 = 1/2.

El ion He_2^{+1} es paramagnético.

Multiplicidad del espín: 2(1/2) + 1 = 2. El ion He_2^+! Forma un

Fig. 9.8.- Orbitales moleculares para el ion He_2^{+1}

Fig. 9.9.- Para la molécula de B_2, tenemos:

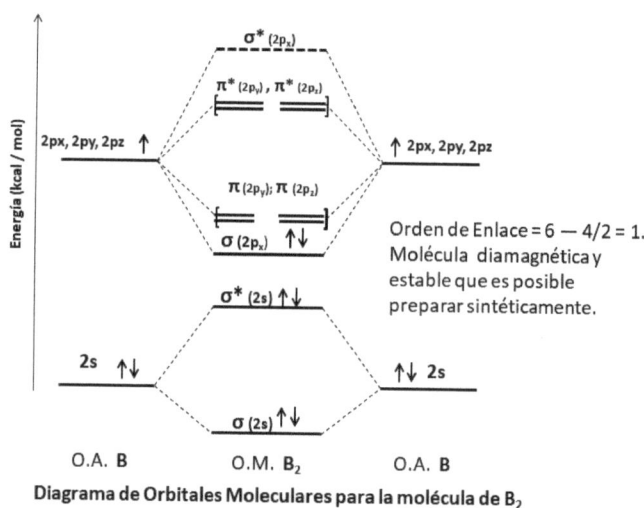

Orden de Enlace = 6 − 4/2 = 1. Molécula diamagnética y estable que es posible preparar sintéticamente.

Diagrama de Orbitales Moleculares para la molécula de B_2
(y similares)

Si suponemos que los electrones ocupan preferentemente orbitales moleculares tipo σ, entonces la distribución completa es la que se muestra en el diagrama anterior. Allí observamos que la ocupación se ha llevado

INTRODUCCIÓN AL ENLACE QUÍMICO

solamente a través de los orbitales moleculares σ2s; σ2s* y σ2p quedando vacíos los orbitales moleculares de configuración π.

Es de hacer notar que este diagrama de O.M. se construyó considerando que solo se permite combinaciones (2s - 2s) y (2p - 2p), esto es, despreciando la mezcla (2s - 2p). Se argumenta que si bien ésta última realmente existe, lo cierto es que su influencia es menor en comparación con las ocupadas aquí. Pero, ocurre que la configuración de orbitales moleculares para B_2, [σ2s]² [σ2s*]² [σ2p]² ya descrita, predice que la molécula será diamagnética, pero se sabe, experimentalmente, que B_2 es una molécula paramagnética. ¿Cómo explicar esta contradicción?

Así nos damos cuenta que el diagrama de O.M. utilizado anteriormente no permite esta posibilidad. En cambio, si los O.M. π estuviesen a menor energía que el O.M. σ2p, esto se lograría, ya que permitiría que cada uno de los electrones se ubicaría en cada uno de los O.M. π.

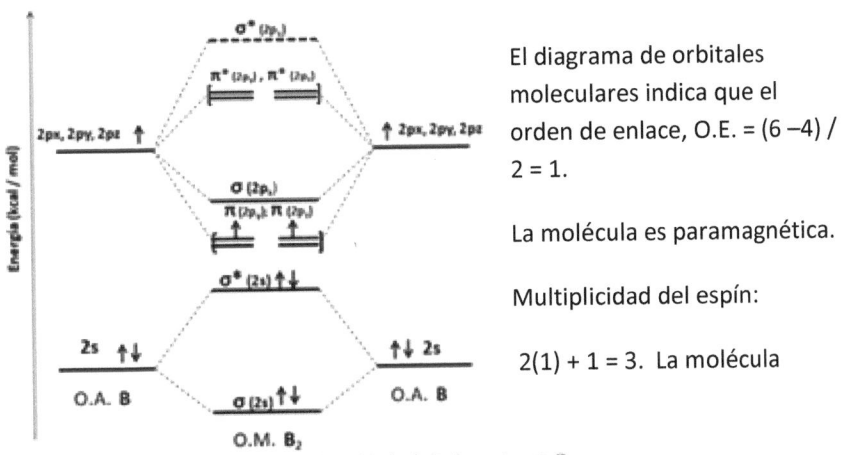

El diagrama de orbitales moleculares indica que el orden de enlace, O.E. = (6 – 4) / 2 = 1.

La molécula es paramagnética.

Multiplicidad del espín:

2(1) + 1 = 3. La molécula

Fig. 9.10.- Diagrama experimental de orbitales moleculares para la molécula de B_2

El diagrama de la figura 9.10, da cuenta de este hecho experimental para la molécula de B_2, donde los O.M.π se llenan antes que el σ2p; y este cambio de orden está de acuerdo a los resultados experimentales sobre el magnetismo de B_2, al igual que ocurre en moléculas similares. Este resultado significa que la mezcla (s - p) no es despreciable a nivel molecular.

En este diagrama, vemos que hay una importante diferencia en el orden de llenado de los orbitales moleculares: En vez de llenarse el orbital 2s primero, los dos electrones se ubican en los orbitales $2\pi(2py)^1$ y $2\pi(2pz)^1$. La interacción entre dos orbitales atómicos es mayor, cuanto mayor sea su solapamiento y menor su diferencia de energía. El orden de llenado es el siguiente: $\sigma(1s)^2$; $\sigma^*(1s)^2$; $\sigma(2s)^2$; $\sigma^*(2s)^2$; $\pi(2p_y)^2$; $\pi(2p_z)^2$; $\sigma(2p_x)^2$.

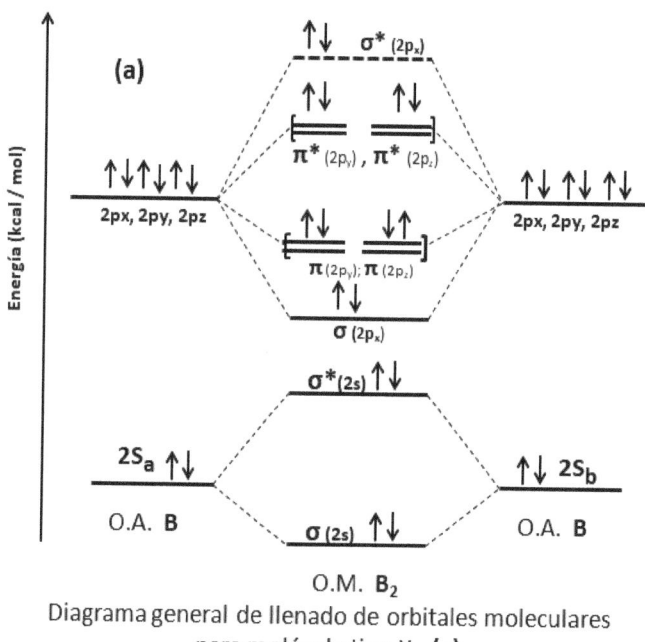

O.M. B_2
Diagrama general de llenado de orbitales moleculares para molécula tipo X_2 (a)

Fig. 9.11.a.- Diagramas de interacción teórico y experimental para moléculas homodiatómicas

El diagrama de la figura 9.11.a es cualitativamente correcto sólo cuando se puede soslayar la interacción entre el orbital 2σ de un átomo y los orbitales $2\pi_x$ $2\pi_z$ del segundo átomo. Pero si dicha interacción es significativa, los orbitales moleculares σs y $\sigma(p_x)$ se mezclan entre sí. El resultado de su mezcla es, de acuerdo a una propiedad general de la mecánica cuántica, un alejamiento de sus energías: el orbital $\sigma^* s$ refuerza su carácter enlazante, disminuyendo su contenido de energía, mientras que el orbital $\sigma(p_x)$ pierde su carácter enlazante, aumentando su nivel de energía. Como consecuencia, los orbitales $\pi 2p_y$; $\pi 2p_z$ se llenan primero que el orbital $\sigma 2p_x$. El resultado de estas interacciones moleculares lo podemos

INTRODUCCIÓN AL ENLACE QUÍMICO

apreciar en la figura 9.11.b.

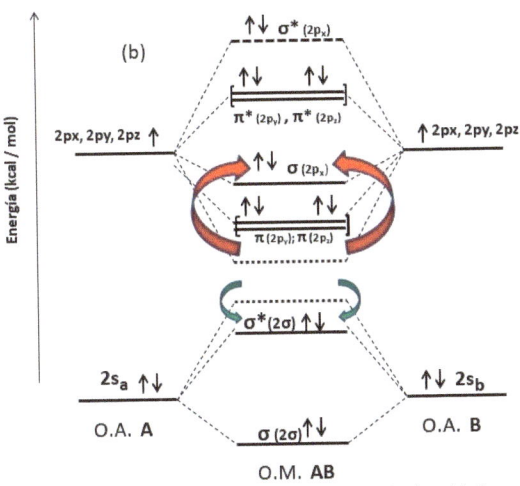

Fig. 9.11.b.- Diagrama experimental de llenado de orbitales moleculares para moléculas tipo X_2

En el Oxígeno ocurre lo mismo con los orbitales σs^* y σp_x^*. El resultado es un cambio muy significativo, tal como se muestra en el siguiente diagrama. Esta mezcla entre los orbitales **2σ** y **$2\pi x$**, es equivalente a la hibridación s–p en la T.E.V.

5.- Para la molécula de O_2, tenemos:

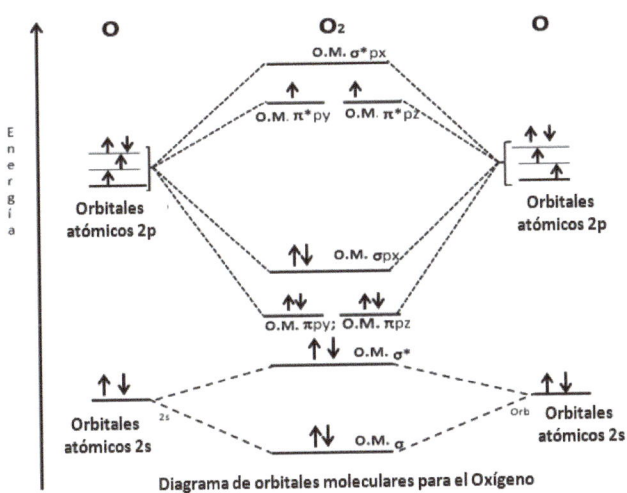

Fig. 9.12.- Diagrama de orbitales moleculares para el O_2

Orden de Enlace = (10 − 6)/2 = 2

M = 2 (1) + 1 = 3 (Triplete). Es una molécula paramagnética.

Para el oxígeno tenemos que la configuración electrónica es: $(\sigma 1s)^2$; $(\sigma^* 1s)^2$; $(\sigma 2s)^2$; $(\sigma^* 2s)^2$; $(\pi 2p_y)^2$; $(\pi 2p_z)^2$; $(\sigma 2p_x)^2$; $(\pi^* 2p_y)^2$; $(\pi^* 2p_z)^2$; $(s^* p_x)^2$.

Observe que los electrones en los Orbitales π^* se encuentren desapareados. Esto explica por qué el oxígeno es paramagnético, fenómeno que en la teoría de Lewis y en la Teoría de los Enlaces de Valencia no podían ser explicados al considerar que todos los electrones de la molécula están apareados. Como podemos ver, la T.O.M. es la única que predice el paramagnetismo en el oxígeno.

Así, podemos establecer ahora una secuencia de llenado de orbitales moleculares con la ordenación correcta de abajo hacia arriba, que es aplicable a cualquier molécula diatómica homonuclear tipo B_2, C_2, N_2, etc. Esta secuencia es la que sigue: $(\sigma 1s)^2$; $(\sigma 1s^*)^2$; $(\sigma 2s)^2$; $(\sigma 2s^*)^2$; $(\pi 2p_y)^2$ y $(\pi 2p_z)^2$; $(\sigma 2p_x)^2$; $(\pi^* 2p_y)^2$ y $(\pi^* 2p_z)^2$; $(\sigma^* 2p_x)^2$.

El principio de Máxima Multiplicidad del Espín establece que el estado fundamental de un átomo será el que presente la mayor multiplicidad de espín. Esta regla se relaciona con el número de electrones no apareados, y como vimos antes, se calcula mediante la relación M = 2(S) + 1. De tal modo que si la multiplicidad toma valor 1, se denomina Singulete (o singlete). Si S = ½, se tiene una multiplicidad igual a 2 y se conoce como doblete.

Para S = 1, se obtiene una multiplicidad de 3 y se denomina triplete.

En Química Cuántica, se dice que un átomo, o una molécula, se encuentran en "estado de espín electrónico singulete" si los espines de todos sus electrones se encuentran apareados. Es decir si la suma total de espines electrónicos es cero.

En el diagrama de la figura 9.12, donde se muestra la configuración electrónica para la molécula de O_2, podemos ver que los dos electrones que ingresan al nivel π^*, ocupan dos orbitales antienlazantes diferentes, otorgándole carácter paramagnético a la molécula de oxígeno. La multiplicidad de espín resultante es M= 2(1) + 1 = 3, de manera que el oxígeno, en su estado fundamental, es triplete.

Los dos electrones de los orbitales π^* tienen espines paralelos, por lo que están desapareados. No obstante, cuando absorben energía, pueden aparearse y pasar a un primer nivel excitado para el que se necesitan sólo 22 kcal/mol. Si absorben una cantidad de energía un poco mayor, (37 kcal/mol), pueden pasar a un segundo nivel de excitación. Los electrones también pueden desaparearse nuevamente, ubicándose en una disposición antiparalela. El retorno desde los niveles activados al nivel fundamental, se realiza con emisión de energía luminosa (1260 y 760 nm) que corresponde al color rojo.

Uno de los efectos más vistosos de la Química es la quimioluminiscencia producida por el oxígeno singulete.

Al introducir una corriente de cloro a través de una solución alcalina de peróxido de hidrógeno se forma oxígeno singulete por la reacción de hipoclorito con agua oxigenada, según:

$$NaOCl + H_2O_2 \text{---} {}^1[O_2] + NaCl + H_2O \quad ({}^1[O_2] = \text{Oxígeno singulete})$$

Las moléculas excitadas del oxígeno singulete pasarán luego al estado triplete emitiendo energía en forma de una luz roja intensa (quimioluminiscencia):

$$^1[O_2] \text{---} {}^3[O_2] \quad ({}^3[O_2] = \text{Oxígeno triplete})$$

El oxígeno singulete se utiliza en el laboratorio para producir reacciones de fotooxidación. La fotooxidación puede producirse por un proceso de fotosensibilización. Así se tiene que el oxígeno singulete es el agente activo en los tratamientos de tumores con rayos laser.

Otro uso importante del oxígeno singulete se presenta en el tratamiento de aguas por su propiedad desinfectante. Con su uso, los virus que son resistentes al cloro en el agua, pueden ser eliminados fácilmente.

9.3.- El oxigeno singulete.

El oxígeno singulete es oxígeno en estado electrónico activado. Se forma por activación del oxígeno molecular por radiación luminosa. El mecanismo de activación de la molécula de oxígeno se produce generalmente por transmisión de energía procedente de una molécula colorante. Esta molécula absorbe primero la luz ultravioleta o visible y traspasa su energía al oxígeno fungiendo como sensibilizador espectral y desactivándose a la vez. Las moléculas que tienen esta propiedad son, entre otras, la clorofila, la eosina y el azul de metileno.

Si el oxígeno puede oxidar a otro compuesto adyacente (aceptor), entonces se produce una oxidación foto sensibilizada. Algunos efectos conocidos de estas reacciones en la vida diaria son: el amarilleo de objetos de plásticos por exposición al sol, o el palidecer de los colores al sol.

El sensibilizador puede actuar también como aceptor. Este es el caso de la clorofila. La pérdida de color de la clorofila debido a la oxidación por oxígeno singulete, hace que las hojas de los árboles cambien de color en el otoño.

9.4.- El oxígeno triplete.

Se conocen varias formas alotrópicas del oxígeno. Entre los cuales la más familiar es el oxígeno molecular (O_2), presente en forma abundante en la atmósfera terrestre y también conocido como dioxígeno u oxígeno triplete.

Estados reactivos del Oxígeno

El oxígeno triplete es el estado fundamental del oxígeno molecular, O_2. La configuración electrónica de la molécula tiene dos electrones desapareados ocupando dos orbitales moleculares degenerados. Estos orbitales se clasifican como antienlazantes, por lo que el enlace O—O es más débil que el enlace de la molécula de nitrógeno N_2, donde todos los orbitales moleculares enlazantes están llenos.

Los electrones desapareados del oxígeno se ubican en orbitales degenerados y tienen el mismo espín, por lo que el espín total S de la molécula es 1. Esto se conoce como una configuración triplete debido a que el espín tiene tres alineaciones posibles en un campo magnético externo. Debido a que la molécula tiene un momento magnético de espín no nulo, el oxígeno es paramagnético, es decir, puede ser atraído por los polos de un imán. La estructura de Lewis O = O no puede representar con exactitud la naturaleza de radical doble del oxígeno molecular; en cambio, la Teoría de

Orbitales Moleculares sí explica adecuadamente los electrones desapareados. Esta configuración electrónica inusual evita que el oxígeno molecular (en estado triplete) reaccione directamente con muchas otras moléculas, como a menudo ocurre con el oxígeno singulete. El oxígeno triplete, sin embargo, reaccionará fácilmente con moléculas en estado doblete, tales como los radicales, para formar un nuevo radical.

9.5.- Moléculas Diatómicas Heteronucleares.

El tratamiento de moléculas con enlaces heteronucleares requiere reactivar el concepto de electronegatividad, uno de los conceptos más importante de la Química. En los análisis previos que hemos realizado, asumimos que las energías de los orbitales de los átomos participantes eran idénticas por tratarse de moléculas homonucleares. Sin embargo, en las heteronucleares esto ya no es cierto y los electrones que intervienen en los orbitales de enlace, se mantienen más tiempo cerca del centro más electronegativo, o sea, cerca del átomo con niveles más bajos de energía. Así, el O.M. enlazante se asemeja más al orbital del átomo más electronegativo. Por supuesto, lo opuesto también ocurre para el orbital molecular antienlazante: permanece más tiempo sobre el átomo menos electronegativo por su semejanza energética con el orbital atómico de éste.

A continuación tenemos el diagrama de energía para la molécula de fluoruro de hidrógeno.

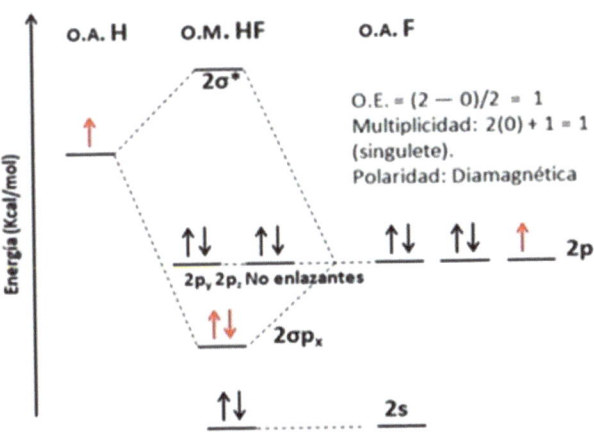

Fig. 9.13.- Diagrama de energía para la molécula de HF

Otro buen ejemplo lo tenemos en la molécula de monóxido de carbono, CO, que tiene 10 electrones de valencia para ocupar los orbitales moleculares. En el siguiente diagrama se muestra el valor de la energía que presenta cada uno de los O.M. formados.

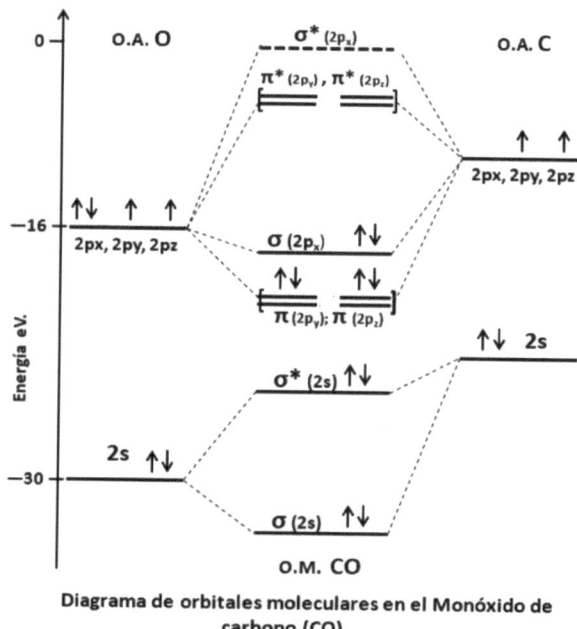

Diagrama de orbitales moleculares en el Monóxido de carbono (CO)

Fig.9.14.- Diagrama de orbitales moleculares para el Monóxido de carbono.

Como se puede observar, los O.A. del oxígeno son de menor energía que los orbitales equivalentes del carbono, por lo que no es de extrañar que el O.M. **σ2s**, energéticamente se encuentre muy próximo al átomo de oxígeno. Lo mismo sucede con los orbitales moleculares formados por la capa **2p**: casi pertenecen al oxígeno, el átomo más electronegativo de los dos que intervienen en la molécula.

La configuración final de los O.M. de la capa de valencia para la molécula de CO, es como sigue, CO: $[(\sigma 1s)^2 (\sigma 1s^*)^2 (\sigma 2s)^2 (\sigma 2s^*)^2 (\pi 2p_x)^2 (\pi 2p_y)^2 (\sigma 2p_z)^2]$, lo que da origen a un orden de enlace OE = 3; tres enlaces formados (uno σ y dos π), que producen una unión bastante firme, cuya energía de disociación es de 1070 kJ/mol, que es del mismo orden del valor encontrado para la molécula de N_2, que también forma un triple enlace.

INTRODUCCIÓN AL ENLACE QUÍMICO

6.- Para la molécula de NO, tenemos:

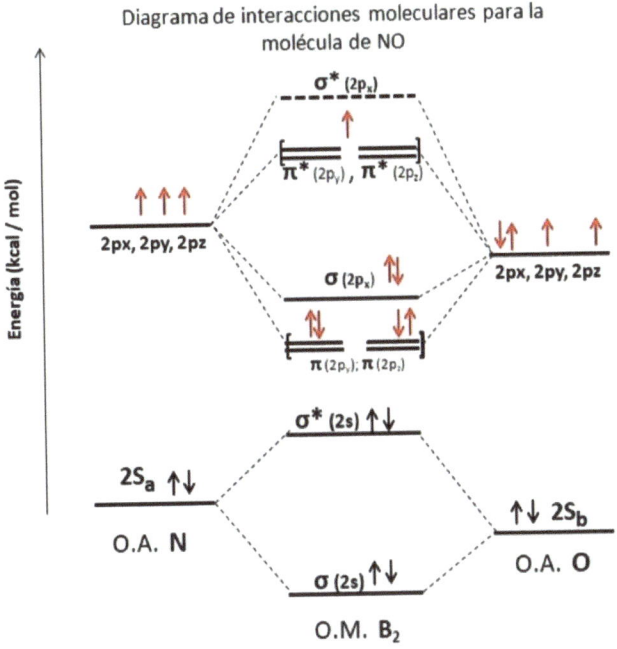

Fig. 9.15.- Diagrama de interacción molecular para el NO (Moléculas heterodiatómicas)

En la figura anterior, correspondiente a las interacciones moleculares que ocurren en la molécula de NO, vemos que el átomo más electronegativo —en este caso el oxígeno—, presenta los orbitales de menor energía; por lo tanto, tienen mayor participación en los orbitales moleculares enlazantes, que los del nitrógeno –pues son más parecidos en contenido energético–. Matemáticamente $\psi\sigma z = a\phi pz (N) + b\phi pz (O)$, (donde a < b). Mientras que en los orbitales antienlazantes, $\psi\sigma z^* = b\phi pz (N) - a\phi pz (O)$, (donde a < b), se observa mayor participación de los orbitales atómicos del nitrógeno. Por ello, los orbitales enlazantes están más localizados sobre el oxígeno y los antienlazantes están más localizados sobre el nitrógeno. Luego, como hay más orbitales enlazantes llenos que antienlazantes llenos, el resultado neto es que la densidad electrónica neta, está más concentrada sobre el oxígeno, constituyendo una molécula polar.

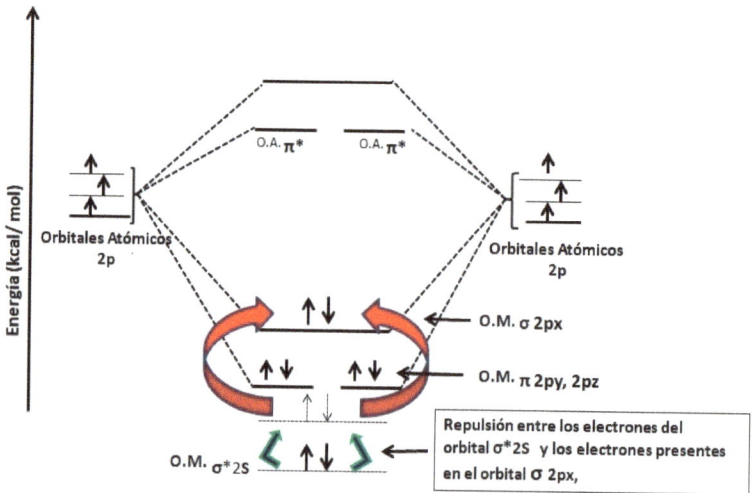

Diagrama de interacciones moleculares para la molécula de N₂

Fig.9.16.- Diagrama de interacciones moleculares para el nitrógeno

Como podemos ver en la figura 9.16, en el Nitrógeno no existen electrones desapareados, lo que implica que es diamagnético. De nuevo, podemos observar un reordenamiento de los orbitales enlazantes. Esto sucede por la repulsión que se produce entre los electrones presentes en el orbital σ*2S (antienlazante) y los electrones presentes en el orbital σ2px, ya que físicamente estos orbitales se encuentran muy próximos uno del otro. Este fenómeno es el mismo que ya ilustramos en la figura 9.11.b, y ocurre en todas las moléculas heteroatómicas que contengan un elemento de número atómico menor que 8.

En conclusión: Para la T.E.V., los electrones que forman parte de una molécula tienen una ubicación localizada, es decir, se encuentran asociados a un núcleo particular. De este modo, las funciones de onda deberán reflejar esta característica a través de una combinación lineal de funciones de onda atómicas correspondientes a los átomos dentro de la molécula. Por su parte, la T.O.M. concibe el sistema molecular como una nueva entidad en la cual los átomos constituyentes ya no pueden ser identificados y, por lo tanto, los electrones ya no pueden ser ubicados en torno a un único núcleo. En otras palabras, los electrones se encuentran deslocalizados en la molécula completa, de manera que las funciones de onda que describen el sistema incluyen componentes que asocian los mismos electrones con más de un núcleo.

INTRODUCCIÓN AL ENLACE QUÍMICO

10.- LOS COMPUESTOS COMPLEJOS O DE COORDINACIÓN

Se denomina compuesto complejo a la entidad que se encuentra formada por una asociación de átomos que involucra a dos o más componentes unidos por un tipo de enlace químico llamado enlace de coordinación, que normalmente es un poco más débil que un enlace covalente típico.

Por costumbre histórica, el término compuesto complejo (también conocido como entidad de coordinación), se utiliza principalmente para describir una estructura molecular que usualmente se encuentra formada por un átomo central (con frecuencia, un catión metálico) que se encuentra enlazado a otras entidades moleculares que lo rodean, llamadas ligandos. El término también es utilizado para referirse a una enorme cantidad de estructuras inestables o metaestables que participan como intermediarias en diferentes reacciones.

Nota: La metaestabilidad es la propiedad que exhibe un sistema que, poseyendo la posibilidad de permanecer en varios estados de equilibrio, permanece en un estado de equilibrio débilmente estable durante un considerable período de tiempo. Sin embargo, bajo la acción de perturbaciones externas (a veces no fácilmente detectables) dichos sistemas exhiben una evolución temporal hacia un estado de equilibrio fuertemente estable. Normalmente la metaestabilidad es debida a lentas transformaciones de estado en el sistema.

Por lo general, el término compuesto complejo se aplica a todos aquellos compuestos en los que el número de enlaces formados por uno de los átomos, es mayor que el que se puede esperar a partir de las consideraciones ordinarias sobre su capacidad de combinación o valencia. Por ejemplo, el hierro trivalente forma seis enlaces en el ion complejo ferrocianuro, $[Fe(CN)_6]^{-3}$, mientras que el ion cobre divalente forma cuatro enlaces en el ion cupramonio, $[Cu(NH_3)_4]^{+2}$.

Los compuestos complejos tiene numerosas aplicaciones: por ejemplo, algunas de estas sustancias se usan en pigmentos para pinturas; otros originan los colores en el vidrio y en las piedras preciosas; otros complejos constituyen materia prima para la elaboración industrial de polímeros, pigmentos, vidrios incoloros y de colores; electro depósito de metales; formulación de ablandadores de agua para productos de limpieza hogareños y hasta el tratamiento de algunas intoxicaciones. También aportan la base teórica que permite comprender la mayoría de las reacciones enzimáticas que permiten la existencia de la vida.

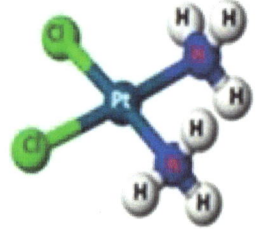

Molécula de Cisplatino [$PtCl_2(NH_3)_2$], un complejo formado por un átomo de platino coordinado con 2 átomos de Cloro (verde) y 2 grupos amonio (violeta). Se utiliza como agente quimioterápico en el tratamiento de algunos tipos de cáncer.

El átomo central de un compuesto de coordinación debe disponer de orbitales vacíos capaces de aceptar pares de electrones. Los átomos que presentan mayor tendencia a formar este tipo de compuesto, son los metales de transición. Los cationes de los grupos I y II de la Tabla Periódica, al disponer de orbitales con poca tendencia a captar electrones, tienen poca probabilidad de formar este tipo de compuestos complejos. Por otra parte, los ligandos se coordinan al átomo central, formando la esfera de coordinación del complejo. El conjunto puede ser neutro, catiónico o aniónico. Los ligandos forman la primera esfera de coordinación, y los contraiones, si los hay, forman la segunda esfera de coordinación.

Las moléculas o iones que rodean el ion metálico en un complejo se conocen como agentes acomplejantes o ligandos (de la palabra latina ligare, que significa "unir"). Por ejemplo, hay dos ligandos NH_3 neutros unidos al ion Ag^+ en el ion diaminplata, [$Ag(NH_3)_2$]$^+$. Normalmente los ligandos son aniones o moléculas polares; además, tienen al menos un par de electrones de valencia no compartidos.

Diferentes tipos de ligandos

Puesto que los iones metálicos (en particular los iones de metales de transición) tienen orbitales de valencia vacíos, pueden actuar como ácidos de Lewis (aceptores de pares de electrones). Así mismo, debido a que los

INTRODUCCIÓN AL ENLACE QUÍMICO

ligandos tienen pares de electrones no compartidos, pueden actuar como bases de Lewis (donadores de pares de electrones). Podemos visualizar el enlace entre el ion metálico y el ligando, como el resultado de compartir un par de electrones que pertenecía inicialmente al ligando.

$$Ag^+ (ac.) + 2\ :N-H\ (ac.) \longrightarrow \left[H-N:Ag:N-H \right]^+ (ac.)$$

Al escribir la fórmula química de un compuesto de coordinación, usamos paréntesis rectangulares para separar los grupos que están dentro de la esfera de coordinación, de otras partes del compuesto. Por ejemplo, el sulfato de tetraamincobre (II), de fórmula [Cu(NH$_3$)$_4$]SO$_4$ representa un compuesto que contiene el catión tetraamincobre(II), [Cu(NH$_3$)$_4$]$^{2+}$, y el anion sulfato, SO$_4^{-2}$.

Un complejo metálico es una especie química definida con propiedades fisicoquímicas muy características. Asi pues, sus propiedades son diferentes de las del ion metálico o de los ligandos que lo constituyen. Por ejemplo, los complejos pueden ser de un color muy distinto al del ion metálico y de los ligandos que lo componen. La formación de complejos también puede modificar fuertemente otras propiedades de los iones metálicos, como su facilidad de oxidación o de reducci6n. Por ejemplo, el ion Ag$^+$ se reduce fácilmente en agua:

$Ag^+_{(ac)} + e^- \rightarrow Ag_{(s)}$ $E^o = + 0.799$ eV

En cambio, el ion [Ag(CN)$_2$]$^-$ no se reduce con tanta facilidad porque la coordinación con los iones CN$^-$ estabiliza la plata en el estado de oxidación +1:

[Ag(CN)$_2$]$^-$ (ac) + e$^- \rightarrow$ Ag$_{(s)}$ + 2CN$^-_{(ac)}$ $E^o = - 0.31$ eV

Desde luego, los iones metálicos hidratados son iones complejos en los cuales el ligando es agua. Asi, el Fe^{3+}(ac) consiste principalmente de [Fe(H$_2$O)$_6$]$^{3+}$. Cuando nos referimos a la formación de complejos en soluciones acuosas, en realidad estamos considerando reacciones en las cuales ligandos como SCN$^-$ y CN$^-$ reemplazan a las moléculas de agua en la esfera de coordinación del ion metálico.

10.1.- Características generales de los complejos.

Los complejos más sencillos responden a un tipo de estructura molecular que se encuentra formada por un grupo central (generalmente un catión que ya sabemos puede actuar como un ácido de Lewis) llamado núcleo de coordinación y que posee orbitales de valencia no ocupados, rodeado por un cierto número de iones o de moléculas que poseen pares de electrones no compartidos. Estos electrones no compartidos pueden ser insertados en los orbitales vacíos del grupo central para formar enlaces coordinados. Aunque en general el grupo central es un catión, también puede ser un átomo neutro (por ejemplo un átomo de gas inerte), o una molécula. Ésta también puede poseer carga negativa o ser eléctricamente neutra.

A los iones o moléculas que participan de la estructura molecular inyectando su par de electrones no compartidos, se les denomina ligandos. Un ligando enlazado a un átomo central se dice que está coordinado a ese átomo. El número de pares de electrones que es capaz de aceptar el grupo central se denomina número de coordinación. La mayoría de los ligandos tienen átomos con un par de electrones σ no compartidos que ceden al ion metálico, aunque existen algunas moléculas que usan electrones π. (Por ejemplo, C_6H_6 y C_2H_4).

Al aducto formado por el grupo central y los ligandos también se le denomina entidad de coordinación y a los compuestos formados por entidades de coordinación, se les denomina compuestos complejos (o compuestos de coordinación).

Nota: un aducto es un producto AB formado por la unión directa de dos moléculas A y B, sin que se produzcan cambios estructurales, en su topología, o en las porciones de A o de B. También son posibles otras estequiometrías diferentes a la 1:1, por ejemplo 2:1 (A_2B).

Por lo general, el ion metálico central tiende a alcanzar el número de coordinación más alto que le sea posible. Los iones de los metales de la primera serie de transición son bastante pequeños; por eso, el número máximo de ligandos que pueden coordinar, es de seis. Sin embargo, en los iones de los metales de la segunda y tercera serie de transición, que son más grandes, el número máximo de coordinación es ocho.

Los átomos de los elementos metálicos tienen una clara tendencia a perder electrones para convertirse en iones con carga positiva (cationes). En general, esto se debe a que poseen un radio atómico elevado en relación a

INTRODUCCIÓN AL ENLACE QUÍMICO

la carga de sus núcleos, lo que posibilita que sus electrones de valencia se desprendan con mucha facilidad. Los electrones de valencia, al encontrarse a mayor distancia del núcleo experimentan menor atracción electrostática por parte de su núcleo, por lo tanto, son los que se transfieren con mayor facilidad.

Este hecho puede conducir a la idea de que los iones metálicos con carga positiva, (cationes), deberían ser muy abundantes en la naturaleza. Sin embargo los cationes metálicos rara vez se encuentran en estado libre en la naturaleza, esto se debe a que al perder uno o más electrones, su radio atómico disminuye y su carga eléctrica aumenta. En general, los cationes metálicos que poseen una relación carga/radio elevada, rápidamente interactúan con otros iones, átomos o moléculas, para adquirir una estructura que resulte termodinámicamente más estable. Esta estabilización la consiguen ya sea interactuando con moléculas neutras, lo que provoca un aumento del radio molecular y una consiguiente disminución de la relación carga/radio; o con iones de carga negativa, (aniones), los que además de provocar un aumento en el radio molecular, brindan una estabilidad adicional al neutralizar al catión con su aportación de cargas negativas.

Es común que en estas asociaciones, las moléculas o iones que otorgan estabilidad al catión central actúen como bases de Lewis, es decir, que sean capaces de insertar pares de electrones no compartidos en orbitales vacíos del catión para aumentar su estabilidad. Los cationes metálicos casi siempre se encuentran en la naturaleza formando algún tipo de complejo que los estabiliza. Con mucha frecuencia, el agente acomplejante suele ser el solvente donde se encuentran disueltos.

Una buena parte de las sales metálicas de los grupos principales y de transición, se encuentran hidratadas. Las moléculas de agua de hidratación actúan como ligandos que rodean al metal, enlazándose a través de un par electrónico no compartido del agua. Un ejemplo notable de esto son las sales de cobalto que son utilizadas en algunos juegos infantiles para "predecir el tiempo". En éstas, el cobalto se encuentra coordinado por un número de moléculas de agua que cambia con la humedad ambiental, el cambio en la coordinación del cobalto provoca un cambio en el color de la sal, de azul a rosado al aumentar la humedad, o a la inversa.

10.2.- Carga, Número de Coordinación y Geometría de los Complejos.

La carga de un complejo es la suma de las cargas del metal central y de los ligandos que lo rodean. En la molécula de $[Cu(NH_3)_4]SO_4$, sulfato de tetraamincobre(II), podemos deducir la carga del complejo si reconocemos en primer término que SO_4 representa el ion sulfato y tiene por tanto una carga de -2. Puesto que el compuesto es neutro, el ion complejo debe tener una carga de 2+, $[Cu(NH_3)_4]^{2+}$. Podemos usar entonces la carga del ion complejo para deducir el número de oxidación del cobre. Puesto que los ligandos NH_3 son neutros, el número de oxidación del cobre debe ser +2.

De igual modo, la carga total de un ion complejo se determina por la sumatoria de las cargas del núcleo de coordinación, más la de los ligantes que participan. Por ejemplo, en el ion hexacianoferrato (III) $[Fe(CN)_6]^{3-}$, la carga del catión es +3, y cada uno de los iones cianuro posee carga -1, luego: q = 6 (-1) + 3 = -3, que es la carga total del ion.

Los ligandos se unen al núcleo de coordinación en una región bastante próxima al mismo, llamada esfera de coordinación que es el lugar en el espacio donde es posible que los electrones del ligando interactúen con los orbitales vacíos del grupo central. Recordemos que cada uno de los átomos del ligando que accede a la esfera de coordinación para aportar un par de electrones no compartidos, se denomina átomo donador.

El número de coordinación de un núcleo de coordinación es el número de pares de electrones que recibe de los átomos de los ligandos. Este valor depende del tamaño del núcleo de coordinación y del tamaño de los ligantes que participan en el complejo. Antes vimos que, por ejemplo, el hierro Fe^{3+} se coordina con hasta 6 aniones fluoruro para formar el complejo $[Fe(F)_6]^{3-}$ (número de coordinación = 6), pero sólo puede coordinarse con hasta 4 iones cloruro $[Fe(Cl)_4]^-$ (número de coordinación = 4) debido al mayor tamaño de estos últimos.

Ejercicio 1.-

¿Cuál es el número de oxidación del metal central en el $[Co(NH_3)_5Cl](NO_3)_2$?

Respuesta: El anion nitrato, (NO_3^-), presenta una carga de -1. Los ligandos NH_3 son neutros; el Cl es un ion cloruro coordinado y su carga es por tanto -1. La suma de todas las cargas debe ser 0. Por lo que:

INTRODUCCIÓN AL ENLACE QUÍMICO

X + 5(0) + (−1) + 2(−1) = 0. Entonces, el número de oxidación del cobalto en el [Co(NH$_3$)$_5$Cl](NO$_3$)$_2$, es +3.

Ejercicio 2.-

¿Cuál es la carga del complejo formado por un ion platino (II) rodeado de dos moléculas de amoniaco y dos iones bromuro? Escriba su fórmula molecular

Respuesta: 2 + 2 (0) + 2 (−1) = X. Entonces, X, la carga neta del complejo es 0

Su fórmula molecular es: [Pt(NH$_3$)$_2$Br$_2$]

Ejercicio 3.-

Dado un complejo que contiene un cromo (III) unido a cuatro moléculas de agua y dos iones cloruro, escriba su fórmula.

Respuesta: Como el metal tiene un número de oxidación de +3, el agua es neutra y el cloruro tiene una carga −1. Entonces, +3 + 4(0) + 2(−1) = +1. Por tanto, la carga del ion es 1+, [Cr(H$_2$O)$_4$Cl$_2$]$^+$.

El átomo del ligando que está unido directamente al metal es el átomo donador. Por ejemplo, el nitrógeno es el átomo donador en el complejo [Ag(NH$_3$)$_2$]. El número de átomos donadores unidos a un metal se conoce como el número de coordinación del metal. En el ion [Ag(NH$_3$)$_2$]$^+$, la plata tiene un número de coordinación de 2; en el [Cr(H$_2$O)$_4$Cl$_2$]$^+$, el cromo tiene un número de coordinación de 6. En síntesis, los elementos de la tabla Periódica comprendidos entre el hidrógeno y el flúor, pueden formar solamente cuatro enlaces coordinados, ya que sólo tienen disponibles orbitales s y p; pero los elementos de número atómico más alto pueden formar cinco o seis de tales enlaces, puesto que ellos también pueden usar orbitales d.

Algunos iones metálicos exhiben números de coordinación constantes. Por ejemplo, el número de coordinación del cromo (III) y del cobalto (III) es invariablemente 6, y el del platino (II) es siempre 4. Sin embargo, los números de coordinación de casi todos los iones metálicos varían con el ligando. Los números de coordinación más comunes son 4 y 6.

El número de coordinación de un ion metálico suele estar influido por el tamaño relativo del ion metálico y de los ligandos que lo rodean. A medida que los ligandos se hacen más grandes, son menos los que se pueden coordinar con el ion metálico. Esto ayuda a explicar por qué el hierro (III) es capaz de coordinarse con seis fluoruros en el $[FeF_6]^{3-}$, pero solo se coordina con cuatro cloruros en el $[FeCl_4]^-$. Los ligandos que transfieren una carga negativa considerable al metal también producen números de coordinación más bajos. Por ejemplo, se pueden coordinar seis moléculas neutras de amoniaco al níquel (II) para formar $[Ni(NH_3)_6]^{2+}$; en cambio, sólo se coordinan cuatro iones cianuro con carga negativa para formar $[Ni(CN)_4]^{2-}$.

Los complejos con número de coordinación cuatro tienen dos geometrías comunes —tetraédrica y cuadrada plana—. La geometría tetraédrica es la más común de las dos, en especial entre los metales que no son de transición. La geometría plana cuadrada es característica de los iones de metales de transición con ocho electrones d en la capa de valencia. Por ejemplo, el platino (II) y el oro (III); también se encuentra en ciertos complejos de cobre (II).

La inmensa mayoría de los complejos con 6 ligandos tienen geometría octaédrica. El octaedro se suele representar como un cuadrado plano con ligandos arriba y abajo del plano. Recuerde que todas las posiciones de un octaedro son geométricamente equivalentes.

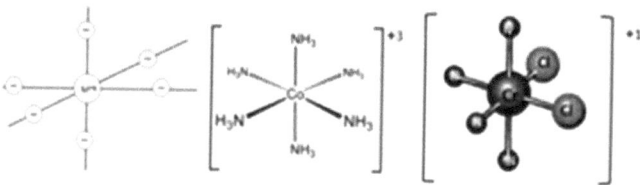

Fig. 10.1.- Representación de complejos octaédricos

10.3.- Haciendo un poco de historia.

Desde los inicios del siglo XIX, comenzaron a sintetizarse una serie de novedosos compuestos que resultaron ser muy llamativos, especialmente por sus colores. Estos compuestos químicos, a falta de una descripción más adecuada, tomaron los nombres de sus creadores. Así se dieron a conocer, por ejemplo, la sal de Magnus ($2PtCl_2·2NH_3$) o la sal de Erdmann ($KNO_2·Co(NO_2)_2·2NH_2$). Otro de estos vistosos compuestos fue el azul de Prusia, también conocido como Berliner Blau o azul de Berlín, ($KCN·Fe(CN)_2·Fe(CN)_3$) producido por Diesbach en Berlín a comienzos del siglo XVIII. Muchos de los primeros complejos fueron utilizados como pigmentos por los pintores de la época.

Estos compuestos presentaban dos notables propiedades que los diferenciaban de los compuestos conocidos hasta aquellos momentos: Primero, los brillantes cambios de color asociados a su formación; y segundo, la reactividad alterada de los iones que participaban en tales compuestos.

En 1827, J.J. Berzelius introdujo el concepto de isomería, el cual complementaba las primeras explicaciones. Luego siguieron los trabajos de C. Gerhardt en 1853, ampliados y mejorados por A. W. Von Hofmann, quien introdujo la "Teoría del amonio"; esta teoría fue una primera aproximación para explicar cómo estaban unidos los átomos en los numerosos compuestos complejos que contenían amoníaco.

Simultáneamente, se desarrollaba la "Teoría de la Fuerza de Combinación" o "Teoría de la atomicidad" (una primera aproximación al actual concepto de valencia, propuesta por E. Frankland en 1852 como una extensión de la ley de las proporciones definidas). Esta teoría establecía que «cada elemento sólo se puede unir a un número fijo de otros elementos». Así, se podía asegurar que la atomicidad del cinc siempre era 2, y la del nitrógeno o la del fósforo era 3 o 5.

El reconocimiento de la verdadera naturaleza de los complejos, se inicia con Alfred Werner, quien demostró que las moléculas neutras que participaban en la formación de un complejo estaban directamente enlazadas al metal, por lo tanto, las sales complejas como el $CoCl_3 \cdot 6NH_3$ debían ser formuladas correctamente como $[Co(NH_3)_6]^{3+}Cl^{-3}$. También demostró que se originaban profundas consecuencias estereoquímicas si se hacía la suposición de que las moléculas o iones (ligandos) alrededor del metal ocupaban posiciones en los vértices de un cuadrado o de un octaedro. Werner, propuso además, que los átomos podían exhibir simultáneamente más de un tipo de valencia. La primera parte de su teoría de la coordinación, publicada en 1893, puede resumirse en los siguientes postulados:

1. La mayoría de los elementos químicos presentan dos tipos de valencia: una valencia primaria o unión ionizable, hoy conocida como número de oxidación, y una valencia secundaria o unión no ionizable, hoy conocida como número de coordinación.

2. Los elementos tienden a satisfacer tanto su valencia primaria

como su valencia secundaria.

3. La valencia secundaria o número de coordinación, está distribuida en posiciones definidas en el espacio.

Estos tres postulados ofrecen una explicación satisfactoria a las principales interrogantes respecto a los compuestos complejos. Tomando como ejemplo para la aplicación de los postulados la conocida serie de las aminas $CoCl_3 \cdot 6NH_3$, $CoCl_3 \cdot 5NH_3$, $CoCl_3 \cdot 4NH_3$ y $CoCl_3 \cdot 3NH_3$, se tiene que la valencia primaria o estado de oxidación del cobalto en todos los casos es 3+, y la valencia secundaria o número de coordinación de este ion es 6. El estado de oxidación 3+ del cobalto está compensado, como se ve claramente en todos los casos, por 3 iones cloruro. En el primer ejemplo, todos los cloruros son iónicos y no forman parte del catión complejo $[Co(NH_3)6]^{3+}$; el número de coordinación 6 está satisfecho por 6 grupos NH_3. En el segundo ejemplo, el número de coordinación está satisfecho por 5 NH_3 y 1 Cl^-, $[CoCl(NH_3)_5]^{2+}$ y únicamente dos cloruros son iónicos. En el tercer caso, 4 NH_3 y 2 Cl^- satisfacen el número de coordinación $[CoCl_2(NH_3)_4]^+$ y en el último caso lo satisfacen 3 NH_3 y 3 Cl^-, $[CoCl_3(NH_3)^3]$.

El tercer postulado llevó a Werner a afirmar que la presencia de isomería óptica para complejos del tipo $[M(AA)_3]$ (Donde AA es un ligando bidentado) era evidencia de una estructura octaédrica y que esta isomería era debida a la asimetría de la molécula. Algunos químicos orgánicos trataron de refutar su hipótesis aduciendo que la actividad óptica se debía a la presencia de átomos de carbono en la estructura y que esta propiedad era exclusivamente debida al carbono. Esta controversia llevó a Werner y su grupo a sintetizar, en 1914, el más importante complejo de la época, el hexol $\{[Co(NH_3)_4(OH)_2]_3Co\}(SO_4)_3$, que no contenía carbono en su estructura.

Estructura del Hexol

El hexol presenta isomería óptica, consolidando la teoría de la coordinación, y además mostrando que esta isomería es una función de las operaciones de simetría de las moléculas en general, y no es específica de determinado tipo de átomo. Los estudios estereoquímicos de Werner, fueron seguidos más tarde por las ideas de G. N. Lewis y N. V. Sidgwick, quienes propusieron que los electrones de la última órbita de un átomo eran los responsables de los enlaces químicos y que «un enlace químico requería compartir un par de electrones» de manera tal que quedara cumplida la condición de que cada átomo participante en el enlace obtuviera al final ocho electrones en su capa más externa (Regla del octeto).

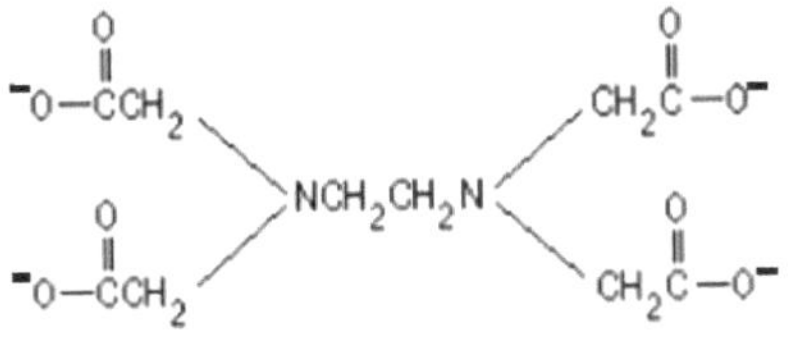

Ion Etilendiamintetraacetato ([EDTA]+) 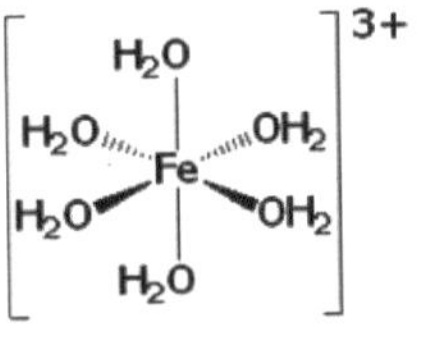   Ion hexaaquohierro(III)

Fig. 10.2.- Estructuras de complejos

Con respecto a los compuestos de coordinación, Lewis postuló que: «los grupos que están unidos al ion metálico, conformando la entidad de coordinación, poseen pares de electrones libres, es decir, que no están compartidos en un enlace» y definió el número de coordinación como "el número real de pares de electrones que están unidos al átomo metálico".

En otro aspecto de su teoría, Lewis propuso una definición más general para ácidos y bases, en la cual una base es aquella que tiene un par de electrones libres que puede donar a otro átomo, mientras que un ácido es la sustancia que puede aceptar un par de electrones libre para formar un enlace. En este sentido, en un compuesto complejo, el ion metálico es un ácido de Lewis y los grupos que están unidos a este ion en la entidad de coordinación, son bases de Lewis.

Lewis propuso su modelo en 1916 y Sidgwick lo amplió hacia 1927, resultando ser una verdadera revolución en el campo de la Química porque permitió explicar de manera sencilla la naturaleza del enlace químico en compuestos sumamente diversos, llegando por ejemplo, a considerar bajo esta óptica, a toda la Química de complejos como simples reacciones ácido-base.

EL modelo de Lewis fue posteriormente ampliado y completado por la Teoría del Enlace de Valencia (TEV) y la Teoría de Orbitales Moleculares (TOM) que nos permiten actualmente interpretar la gran mayoría de las reacciones y propiedades de los complejos.

10.4.- Ligandos polidentados o agentes quelantes.

Normalmente los ligandos son nucleófilos: aniones y moléculas polares o fácilmente polarizables, que poseen al menos un par de electrones de valencia no compartidos, tales como H_2O, NH_3, X^-, RCN^-, etc. En un principio, esto induce a tratar de explicar las atracciones que se establecen entre ligandos y cationes como de naturaleza electrostática: el par de electrones del ligando es intensamente atraído por la alta carga del catión, atrayendo a la molécula o al anion que lo posee. Sin embargo este enfoque no permite explicar cómo se forman los complejos con grupos centrales neutros o con carga negativa.

Una mejor aproximación es considerar al enlace entre el grupo central y el ligando, como un tipo particular de aducto de Lewis en el cual participan los electrones del par electrónico no compartido del ligando y los orbitales vacíos (ya sean atómicos o moleculares) del grupo central. En este enlace, el ligando aporta un par de electrones de valencia no compartidos (base de Lewis), y el grupo central los acepta (ácido de Lewis) para formar uno de los enlaces covalentes del complejo. Por lo tanto, la unión que se establece entre el grupo central y el ligando, es de tipo covalente. Recordemos que este tipo de enlace covalente, en el cual uno de los átomos aporta los dos electrones del enlace, recibe el nombre de enlace covalente coordinado.

Con base en este modelo, algunos autores hacen una diferencia entre el enlace covalente propiamente dicho –en donde se supone que cada átomo comprometido aporta un electrón para formar el enlace por par electrónico–, y el enlace covalente coordinado, en donde se propone que sólo uno de los átomos comprometidos en el enlace aporta el par de electrones. Si bien esta diferenciación ayuda a entender el origen del enlace, una vez formado el compuesto de coordinación ya no tiene sentido diferenciarlos, puesto que los enlaces son equivalentes. El ejemplo más sencillo para ilustrar lo anterior es el del H_3N y el H_3N-H^+ o mejor NH_4^+, en el que se podría pensar que este último enlace es diferente por ser coordinado

INTRODUCCIÓN AL ENLACE QUÍMICO

y en algunos textos hasta se llega a representar como $H_3N \rightarrow H^+$; sin embargo, el ion NH^+_4 es un tetraedro regular, en el que cada uno los cuatro enlaces es equivalente a los otros y por lo tanto, imposible de diferenciar.

La facilidad con la cual se forma este enlace covalente es explicada de manera sencilla por la capacidad del grupo central para deformar la nube de electrones del ligando, esta capacidad es tanto mayor cuanto mayor es la relación carga/radio del mismo. Esto permite deducir por qué los cationes, y en especial aquellos con mayor carga y menor tamaño, son los que forman complejos con mayor facilidad.

Los ligandos a los que nos hemos referido hasta ahora, como el NH_3 y Cl^-, se llaman ligandos monodentados (es decir, "un diente"). Estos ligandos poseen un solo átomo donador y pueden ocupar un solo sitio en una esfera de coordinación. Pero también existen ligandos capaces de establecer dos o más uniones simultáneas con el núcleo de coordinación. Pueden ser bidentados, tridentados, tetradentados etc. A este tipo de ligandos se les suele llamar quelatos –también son conocidos como "agentes quelantes"–, un nombre derivado de la palabra griega kela que significa "garra" o "pinza", porque el tipo de estructura espacial que se forma se asemeja a un cangrejo con el núcleo de coordinación atrapado entre sus pinzas. Los quelatos tienen dos o más átomos donadores que se pueden coordinar simultáneamente a un ion metálico, por lo que ocupan dos o más sitios de coordinación; es decir, pueden funcionar como "puentes" entre dos o más núcleos de coordinación, facilitando la formación de enormes agregados macromoleculares que precipitan con facilidad. A éstos se les llama ligandos polidentados ("ligandos con muchos dientes").

Como ejemplos de este tipo de compuestos, encontramos a los aniones fosfatos (PO_3–PO_4), carbonatos (CO_2–CO_3), oxalato (-OOC-COO-), etilendiamina (NH_2-CH_2-CH_2-NH_2), Piridina, etc.

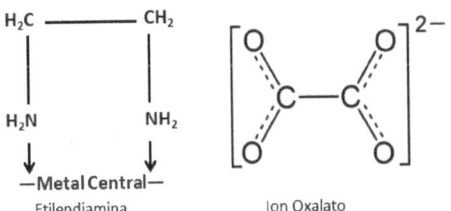

Etilendiamina   Ion Oxalato

Un ligando polidentado de enorme importancia por la cantidad de aplicaciones que tiene, es el EDTA, que posee seis sitios de unión. El ácido etilenodiaminatetraacético o EDTA, es una sustancia química que se adhiere a los iones de ciertos metales como el calcio, magnesio, plomo e hierro. Se usa en medicina para prevenir los coágulos de sangre y para extraer el calcio y el plomo del cuerpo. También se usa para evitar que las bacterias formen biopelículas (capa delgada que se adhiere a la superficie). A veces se le nombra como Ácido Edético.

La etilendiamina presenta dos átomos de nitrógeno en los extremos que presentan un par de electrones no compartidos. Estos átomos donadores están lo suficientemente alejados uno de otro como para que el ligando pueda envolver al ion metálico y los dos átomos de nitrógeno coordinarse simultáneamente con el metal en posiciones adyacentes. En la figura que sigue, podemos ver el ion $[Co(en)_3]3^+$, que contiene tres ligandos de etilendiamina en la esfera octaédrica de coordinación del cobalto (III).

El EDTA se emplea en muchos productos de consumo diario, entre ellos alimentos preparados y postres congelados; para formar complejos con iones metálicos empleados en la catálisis de reacciones de descomposición. También se usa en el campo de la medicina como agente quelante para eliminar iones metálicos del corriente sanguíneo, como Hg^{+2}, Pb^{+2}, Cd^{+2}, que son perjudiciales para la salud.

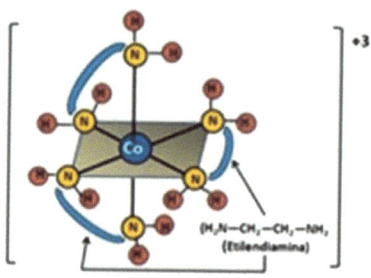

Fig. 10.3.- Ion $[Co(en)_3]3^+$

Un método eficaz para tratar el envenenamiento por plomo consiste en administrar $Na_2[Ca(EDTA)]$. El EDTA forma un quelato con el plomo, lo cual permite la eliminación del metal por medio de la orina. Los agentes quelantes también son muy comunes en la naturaleza. Los musgos y líquenes secretan agentes quelantes para capturar iones metálicos de las rocas en las que habitan.

Además de las aplicaciones médicas de los complejos, encontramos que éstos juegan un papel fundamental en la vida. Por ejemplo, uno de los componentes de los glóbulos rojos es el grupo hemo, un complejo de hierro (Ion ferroso, Fe^{+2}), que al oxidarse formando un nuevo complejo, es capaz de transportar el oxígeno que las células del organismo necesitan para vivir. A partir de este punto, es fácil comprender por qué el monóxido de carbono es tan letal para los seres vivos. Al ser éste un ligando muy fuerte, cuando se respira, se fija al hierro del grupo hemo y lo bloquea, incapacitando al glóbulo rojo para transportar oxígeno. Cuando se está en una atmósfera de monóxido de carbono, se produce la muerte por asfixia de forma rápida.

En general, los agentes quelantes forman complejos más estables que los ligandos monodentados afines. El hecho de que las constantes de formación para ligandos polidentados sean, en general, mayores que las de los ligandos monodentados correspondientes, se conoce como efecto quelato.

Los agentes quelantes se suelen emplear para impedir una o más de las reacciones ordinarias de un ion metálico sin retirarlo realmente de la solución. Por ejemplo, con frecuencia un ion metálico que interfiere con un análisis químico se puede convertir en un complejo y eliminar de esta manera su interferencia. En cierto sentido, el agente quelante oculta el ion metálico. Por esta razón, los científicos se refieren a veces a estos ligandos como agentes secuestrantes. (Aquí la palabra secuestrar significa quitar, apartar o separar.) Los fosfatos como el trifosfato de sodio, que se muestra continuación, se emplean para complejar o secuestrar iones metálicos en aguas duras para que estos iones no puedan interferir con la acción del jabón o de los detergentes.

$$Na_5\left[O-\overset{\overset{O}{\|}}{\underset{\underset{O}{}}{P}}-O-\overset{\overset{O}{\|}}{\underset{\underset{O}{}}{P}}-O-\overset{\overset{O}{\|}}{\underset{\underset{O}{}}{P}}-O\right]$$

10.5.- Ligandos ambidentados.

Este tipo de ligandos podría considerarse un caso especial de los ligandos polidentados, porque poseen más de un átomo capaz de donar pares de electrones no compartidos, sin embargo, poseen un tamaño demasiado pequeño como para ser capaces de donar electrones con ambos átomos a la vez. En lugar de ello, se enlazan con uno de los átomos, o con el otro, dependiendo de las circunstancias. Un ejemplo de este tipo de ligandos es el ion tiocianato NCS-, que puede unirse al metal tanto por el átomo de N, para dar complejos de isotiocianato, como por el de S, para dar complejos de tiocianato. Otro ejemplo de ligando ambidentado es el ion NO2⁻: si se une al ion metálico de la forma M—NO$_2$ se denomina ligando nitro y si se une por el átomo de oxígeno, M—ONO, se denomina nitrito. Estos ligandos dan lugar a un tipo de isomería estructural denominada isomería de enlace.

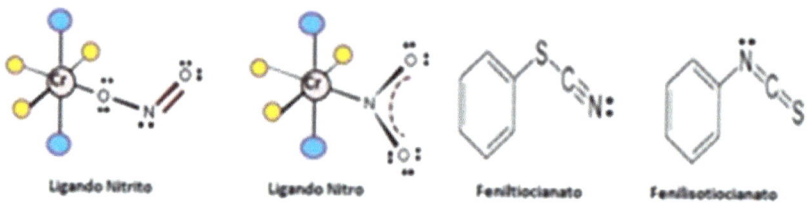

Fig. 10.4.- Ejemplos de ligandos

Hasta ahora hemos discutido la aproximación de la valencia dirigida utilizando la técnica enlace—valencia, que considera que los electrones de enlace pertenecen solamente al par de átomos enlazados. A las moléculas complejas también se le puede aplicar el método del orbital molecular, y para tales compuestos se ha desarrollado una tercera aproximación: el método del "campo cristalino" o "campo del ligando. Pero el tratamiento de estos puntos cae fuera de los objetivos del presente trabajo.

Ion Pentaaminanitrocobalto (III)

11.- FORMULACIÓN Y NOMENCLATURA DE COMPLEJOS

Para expresar la fórmula de los compuestos de coordinación es conveniente tener presentes las reglas de formulación recomendadas por IUPAC, estas reglas son:

Los nombres de los complejos se escriben entre corchetes

Dentro de los corchetes se escriben primero los cationes, luego los aniones y por último las especies neutras.

De haber dos o más especies con el mismo tipo de carga, se ordenan alfabéticamente de acuerdo al átomo que se encuentra unido al átomo central.

Por último, y por fuera de los corchetes, se escribe como superíndice la carga total del complejo. Así, por ejemplo, el hipotético complejo formado por 1Co^{+3}, 3NH$_3$ 1H$_2$O, 1Cl$^-$ 1F$^-$ se escribiría correctamente como: [CoClF(NH$_3$)$_3$(H$_2$O)]$^+$ Ion Triaminaquoclorofluorcobalto(III)

11.1.- Reglas de nomenclatura.

En cuanto a la nomenclatura IUPAC recomienda:

Tener presente en primer lugar si se trata de un complejo aniónico (con carga negativa) catiónico (con carga positiva) o si se trata de una especie neutra. Por ejemplo:

.- [CrCl(NH$_3$)$_5$]$^{2+}$ es un complejo catiónico: (Ion pentaaminclorocromo(III))

.- [Co(CN)$_6$]$^{4-}$ es un complejo aniónico. (Ion hexacianocobaltato(II))

.- [CuBr$_2$(NH$_3$)$_2$] es un complejo neutro. (Diamindibromocobre(II))

Al nombrar un complejo, se citan primero los ligandos, en orden alfabético.

Los ligandos aniónicos se citan por su nombre habitual, por ejemplo H- (hidruro), ClO_4^- (perclorato). Aunque existen un cierto número de ligandos con nombres especiales, mientras que para los ligandos neutros se utiliza su nombre común, con dos excepciones: fenilo y el metilo. En la tabla a continuación se muestra una lista de los ligando más comunes.

Ligando	Nombre	Tipo	Ligando	Nombre	Tipo
F^-	Flúor	Aniónico	S^{-2}	Tio	Aniónico
Cl^-	Cloro	Aniónico	H_2O	Aquo	Neutro
Br^-	Bromo	Aniónico	NH_3	Amin	Neutro
I^-	Iodo	Aniónico	NO	Nitrosil	Neutro
O^{-2}	Oxo	Aniónico	CO	Carbonil	Neutro
OH^-	Hidróxo	Aniónico	C_6H_5	Fenil	Neutro
O_2^{-2}	Peroxo	Aniónico	CH_3	Metil	Neutro
HS^-	Mercapto	Aniónico	CH_3-NH_2	Metilamina	Neutro

Tabla de ligando más comunes

Los ligandos ambidentados reciben un nombre diferente de acuerdo a cual sea el átomo que se une al grupo central. Por ejemplo: Si el NO_2 se une a través del oxígeno (<: O—NO), se denomina nitrito; pero si lo hace a través del nitrógeno (<:— NO_2), se denomina nitro. Si el grupo SCN se une al grupo central a través del azufre (<:—S—CN), se denomina tiocianato, pero si se une a través del nitrógeno (<: —NCS), se denomina isotiocianato.

Ligando	Prefijo	Ligando	Prefijo
1	Mono	4	Tetraquis
2	Bis	5	Pentaquis
3	Tris	6	Hexaquis

El orden alfabético no considera los prefijos numéricos que indican la presencia de varias unidades de un mismo ligando. Por ejemplo: aqua,

INTRODUCCIÓN AL ENLACE QUÍMICO

diaqua y triaqua van antes que ciano.

Se utilizan los prefijos di, tri, tetra, etc., para especificar el número de cada clase de ligando sencillo (monodentado). Para ligando complicados (agentes quelantes polidentados), se usan los prefijos que se muestran en la tabla anexa. El nombre de estos ligandos se escribe entre paréntesis.

Una vez que se hayan nombrado todos los ligandos, se nombra el átomo central de la siguiente manera: si se trata de un complejo aniónico, se utiliza la raíz del nombre del átomo central seguida de la terminación ato, y al final entre paréntesis se escribe el estado de oxidación del átomo central con números romanos (Sistema de Stock). Por ejemplo:

$[Fe(CN)_5(H_2O)]^{2-}$: ion aquopentacianoferrato(III)

Si se trata de un complejo catiónico o neutro no se añade ningún sufijo al nombre del átomo central. Por ejemplo: $[Ni(CO)_4]$ tetracarbonilníquel(0)

$[Fe(H_2O)_6]^{2+}$ ion hexaaquohierro(II)

Las sales de iones complejos se denominan como cualquier otra sal, teniendo en cuenta el nombre del anión o catión complejo. Por ejemplo:

$[Co(NH_3)_5CO_3]SO_4$: Sulfato de pentaamincarbonatocobalto(IV)

$K_4[Fe(CN)_6]$: Hexacianoferrato(II) de potasio

$Mg_2[Ni(NCS)_6]$: Hexaquis (isotiocianato) niquelato(II) de magnesio

$[Cr(H_2O)_4F_2]F$: Fluoruro de tetraaquodifluorcromo(III)

$[Co(H_2O)_6]Cl_2$: Cloruro de hexaaquocobalto(II)

$K_2[OsBr_5N]$: Pentabromonitruroosmiato(VI) de potasio

$[Cu(NH_3)_4]SO_4$: Sulfato de tetraamincobre(II)

$[Co(NH_3)_4Cl_2]Cl$: Cloruro de tetraamindiclorocobalto(III)

$[(C_6H_5)_4As][PtCl_2HCH_3]$:   Tetrafenilarsénicodiclorohidroximetil platinato(II)

$[FeBr_2(en)_2]Br$: Bromuro de dibromobis(etilendiamina)hierro(III)

$[Pt(NH_3)_4][PtCl_6]$: Hexacloroplatinato(IV) de tetraaminplatino(II)

$[Ni(C_5H_5N)_6]Br_2$: Bromuro de hexapirinoníquel(II)

$[Co(NH_3)_4(H_2O)CN]Cl_2$: Cloruro de aquotetraaminocianocobalto(III)

$Na_2[MoOCl_4]$: Tetraclorooxomolibdato(II) de sodio.

$Na[Al(OH)_4]$: Tetrahidroxoaluminato de sodio.

En el último ejemplo el estado de oxidación del metal no se menciona en el nombre porque en los complejos el aluminio está siempre en el estado de oxidación +3.

Ejercicios: Formule cada uno de los siguientes complejos:

.-Hexacianovanadato(II) de calcio......

$Ca_2[V(CN)_6]$

.-Tetracloroplatinato(II) de potasio......

$K_2[PtCl_4]$

.-Carboniltris(tiocianato)cobaltato(II) de sodio........

$Na[Co(SCN)_3CO]$

.-Hexacianoferrato(II) de amonio......

$(NH_4)_4[Fe(CN)_6]$

.-Pentacianonitrosilferrato(III) de amonio.......

$(NH_4)_2[Fe(CN)_5NO]$

.-Cloruro de pentaaminaclorocromo(III).......

$[CrCl(NH_3)_5]Cl_2$

.-Sulfato de hexaaquozinc(II)........

$[Zn(H_2O)_6]SO_4$

.-Nitrato de triaminacadmio(II).......

$[Cd(NH_3)_4](NO_3)_2$

12.- ISOMERÍA ESTRUCTURAL

En la Química de coordinación existen varios tipos de isomería estructural. Uno de ellos es la isomería de enlace que se presenta cuando un ligando específico es capaz de coordinarse a un metal de dos maneras distintas. Por ejemplo, el ligando NO_2^-, se puede combinar a través de un átomo de nitrógeno o a través de un átomo de oxígeno. Cuando se coordina a través del átomo de nitrógeno, el ligando NO_2^- se llama nitro; pero cuando se coordina a través de un átomo de oxígeno, se le llama nitrito y se escribe por lo general ONO^-.

Los isómeros que se muestran en la siguiente figura difieren en sus propiedades físico-químicas. Por ejemplo, el isómero unido al N es amarillo, en tanto que el isómero unido al O es rojo. Como vimos antes, otro ligando capaz de coordinarse a través de uno de dos átomos donadores, es el tiocianato, SCN, cuyos átomos donadores potenciales son N y S.

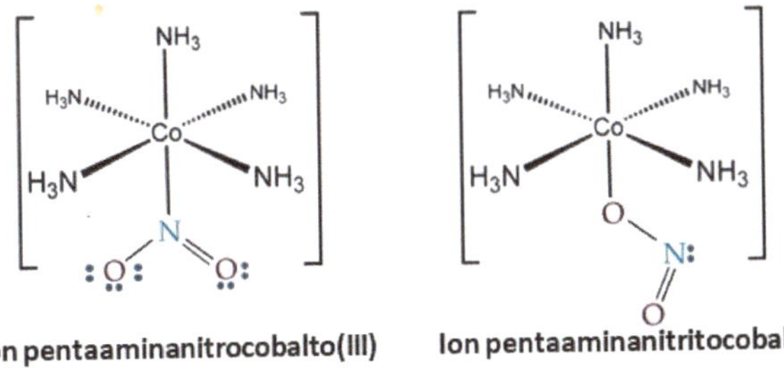

Ion pentaaminanitrocobalto(III)   Ion pentaaminanitritocobalto(III)

Fig.12.1.- Ejemplos de isómeros estructurales

Los isómeros de esfera de coordinación difieren en cuanto a los ligandos que están unidos directamente al metal, en contraposición a los que están fuera de la esfera de coordinación en el retículo sólido. Por ejemplo, el $CrCl_3(H_2O)_6$ existe en tres formas comunes: a.- $[Cr(H_2O)_6]Cl_3$ (de color violeta), b.- $[Cr(H_2O)_5Cl]Cl_2 \cdot xH_2O$ (de color verde) y c.- $[Cr(H_2O)_4Cl]Cl \cdot 2H_2O$ (también de color verde). En los compuestos segundo y tercero, el agua ha sido desplazada de la esfera de coordinación por iones cloruro, pero ocupa un sitio en el retículo sólido.

12.1.- Estereoisomería.

La estereoisomería es la forma más importante de isomería. Los estereoisómeros tienen los mismos enlaces químicos pero diferente disposición espacial. Por ejemplo, en el [Pt(NH$_3$)$_2$Cl$_2$] los ligandos cloro pueden estar ya sea adyacentes u opuestos uno al otro, como se ilustra en la figura.

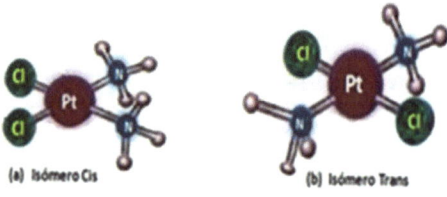

Fig. 12.2.- Isómeros ópticos

Esta forma particular de isomería, en la cual la disposición de los átomos constituyentes es diferente, aunque están presentes los mismos enlaces, se llama isomería geométrica. El isómero (a), con ligandos similares en posiciones adyacentes, se conoce como el isómero cis. La especie (b), presenta ligandos similares en posiciones opuestas y se conoce como isómero trans.

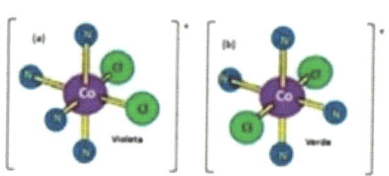

En la figura 12.3 se muestran los isómeros cis y trans del ion tetraaminodiclorocobalto(III).

La isomería geométrica también es posible en los complejos octaédricos cuando están presentes dos o más ligandos distintos. En general, los isómeros geométricos poseen propiedades físicas y químicas distintas. Por ejemplo, sus sales manifiestan diferente solubilidad en agua y tienen diferente color. Puesto que todos los vértices de un tetraedro están adyacentes unos a otros, la isomería cis-trans no se observa en los complejos tetraédricos.

INTRODUCCIÓN AL ENLACE QUÍMICO

Un segundo tipo de estereoisomería es el que se conoce como isomería óptica. Los isómeros ópticos son imágenes especulares que no se pueden superponer mutuamente. Esta clase de isómeros se llaman enantiómeros. Se parecen entre sí del mismo modo que nuestra mano izquierda se parece a la mano derecha. Si observamos nuestra mano izquierda en un espejo, su imagen es idéntica a nuestra mano derecha. Además, las dos manos no se pueden superponer una en la otra. Un buen ejemplo de un compuesto complejo que exhibe este tipo de isomería es el ion $[Co(en)_3]^{3+}$.

Así como no hay manera de girar o dar vuelta a nuestra mano derecha para hacerla idéntica a nuestra mano izquierda, del mismo modo no hay forma de hacer girar uno de estos enantiómeros para hacerlo idéntico al otro. Las moléculas o iones que presentan enantiomería, se dice que son quirales. Las enzimas se cuentan entre las moléculas más quirales que se conocen. Muchas enzimas tienen iones metálicos coordinados. Sin embargo, una molécula no tiene que tener un átomo metálico para ser quiral. En el caso de los compuestos orgánicos, la causa más común de la quiralidad en una determinada molécula, es la presencia de un átomo de carbono tetraédrico con hibridación sp^3 unido a cuatro sustituyentes diferentes.

Casi todas las propiedades físicas y químicas de los isómeros ópticos son idénticas. Se diferencian sólo si se encuentran en un ambiente quiral; es decir, uno en el cual existe un sentido de lo izquierdo y de lo derecho. Por ejemplo, se puede catalizar la reacción de un isómero óptico en presencia de una enzima quiral, en tanto que el otro isómero permanecería sin reaccionar. En consecuencia, un isómero óptico puede producir un efecto fisiológico específico dentro del cuerpo, en tanto que su imagen especular produce un efecto distinto, o quizá ninguno.

Los isómeros ópticos se distinguen uno de otro por su interacción con luz polarizada en un plano. Si se hace pasar un haz de luz polarizada a través de una solución que contiene un isómero óptico, el plano de polarización se desvía, ya sea a la derecha (en el sentido de las manecillas del reloj) o a la izquierda (en sentido contrario a las manecillas del reloj). El isómero que hace girar el plano de la luz polarizada a la derecha se describe como dextrorrotatorio y se identifica como el isómero dextro, o "D". Si el isómero hace girar el plano de la luz polarizada hacia la izquierda, se describe como levorrotatorio y se identifica como el isómero levo, o "L". A causa de su efecto sobre la luz polarizada en un plano, se dice que las moléculas quirales son ópticamente activas.

$$\begin{array}{cc} CH_2-CH_3 & H_3C-H_2C \\ | & | \\ H-C^*-Br & Br-C^*-H \\ | & | \\ CH_3 & H_3C \\ (D) & (L) \end{array}$$

Centro Quiral

Por lo general, cuando se prepara en el laboratorio una sustancia que tiene isómeros ópticos, se obtienen cantidades iguales de los dos isómeros. En este caso se dice que se obtiene una mezcla racémica. Una mezcla racémica no desvía la luz polarizada, ya que los efectos rotatorios de los dos isómeros se cancelan mutuamente.

12.2.- Magnetismo en los compuestos complejos.

Muchos complejos de metales de transición exhiben paramagnetismo simple. Las propiedades magnéticas dependen del número de electrones desapareados. Cuando hay uno o más electrones desapareados, el complejo será paramagnético y se verá atraído por los campos magnéticos en grado proporcional al número de electrones desapareados. Si no hay electrones desapareados, el compuesto será diamagnético y se verá ligeramente repelido por los campos magnéticos. Es posible determinar el número de electrones no apareados que posee un ion metálico, midiendo el grado de paramagnetismo. Los experimentos ponen de manifiesto algunas comparaciones interesantes. Por ejemplo, los compuestos del ion complejo $[Co(NH_3)_6]^{3+}$ carecen de electrones no apareados, pero los compuestos del ion $[CoF_6]^{-3}$ tienen cuatro electrones desapareados por ion metálico. Ambos complejos contienen Co (III) con una configuración electrónica $3d^6$. Es evidente que existe una diferencia importante en cuanto a la disposición de los electrones en los orbitales metálicos en estos dos casos. Este punto será analizado, aunque superficialmente, en el siguiente capítulo.

13.- TEORÍA DEL CAMPO CRISTALINO.

La Teoría de Campo Cristalino (T.C.C.), es un modelo teórico que describe la estructura electrónica de aquellos compuestos de los metales de transición que pueden ser considerados compuestos de coordinación. Esta teoría explica exitosamente algunas de las propiedades magnéticas, colores, entalpías de hidratación y las estructuras geométricas de los complejos de los metales de transición, pero no acierta en describir las causas del enlace. La T.C.C. ha sido combinada con la Teoría de Orbitales Moleculares para producir la teoría del Campo de Ligandos que aunque resulta un poco más compleja también es más ajustada a la realidad, ya que se adentra un poco más en la explicación del proceso de formación del enlace químico en los complejos metálicos. En este trabajo, la Teoría del Campo de los Ligando será estudiada en forma muy superficial, pues no está incluida entre los objetivos de la presente obra.

Aunque la capacidad de formar complejos es común a todos los iones metálicos, los complejos más numerosos e interesantes son los que están formados por los elementos de transición. Desde hace mucho tiempo se ha reconocido que las propiedades magnéticas y el color de los complejos de metales de transición, están relacionados con la presencia de electrones en los orbitales **d** de los átomos metálicos.

De acuerdo a la T.C.C., la interacción entre un metal de transición y un grupo de ligandos deriva de la atracción entre el catión metálico positivamente cargado y la carga negativa de los pares de electrones no enlazantes de los ligandos. La teoría fue desarrollada bajo la suposición de que estos electrones no enlazantes de los ligandos producían repulsiones sobre los electrones de los orbitales **d** del catión central, que terminaban por deformar los cinco orbitales **d** degenerados del ion metálico, alterando sus niveles energéticos. (Recordemos que hablar de orbitales degenerados, es hablar de orbitales con igual contenido de energía).

Un orbital deformado posee mayor contenido energético que un orbital original. Si se considera un campo repulsivo perfectamente simétrico, los cinco orbitales **d** deberían deformarse en la misma proporción y por lo tanto continuarían siendo degenerados, pero la T.C.C. parte de la suposición de que los ligandos son cargas repulsivas puntuales, ubicadas en posiciones específicas del espacio; por lo tanto, las repulsiones sobre los electrones de los orbitales **d** resultan asimétricas, lo que produce evidentes diferencias en la manera en que deforman los orbitales, causando que los cinco orbitales **d**, inicialmente con energías iguales, se separen en dos grupos de diferente energía.

Esta separación se encuentra afectada por los siguientes factores:

1.- La naturaleza del ion metálico.

2.- El estado de oxidación del metal.

3.- El arreglo geométrico de los ligandos en torno al ion metálico.

4.- La naturaleza de los ligandos que rodean al ion metálico. En otras palabras, a mayor efecto del ligando, mayor es la diferencia entre los grupos de baja y alta energía de orbitales **d**.

Entre los metales de transición el tipo de complejo más común es el octaédrico; en este tipo de complejos, seis ligandos se ubican en los vértices de un octaedro en torno al ion metálico. Si suponemos que estos seis ligandos puntuales se ubican sobre los seis ejes de un sistema de coordenadas cartesianas, con el ion metálico en el origen de coordenadas, y observamos la figura con la forma de los orbitales d del átomo central, podemos comprender la teoría del campo cristalino:

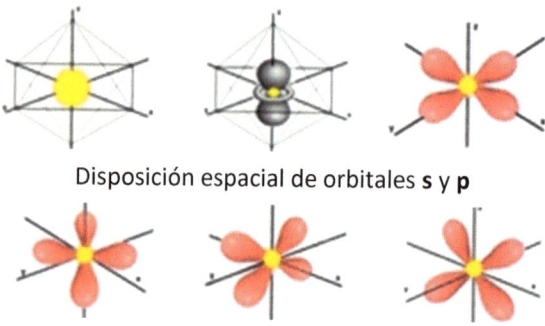

Disposición espacial de orbitales **s** y **p**

INTRODUCCIÓN AL ENLACE QUÍMICO

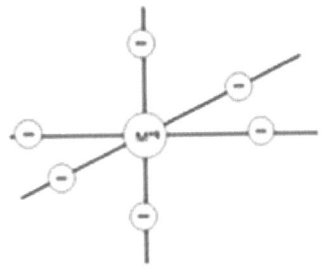

En esta disposición octaédrica, los orbitales que resultan más fuertemente deformados son los que poseen componentes mayoritariamente orientados según

Ahora concentremos nuestra atención en este desdoblamiento de la energía de los orbitales d por efecto del campo cristalino, representado en la siguiente figura:

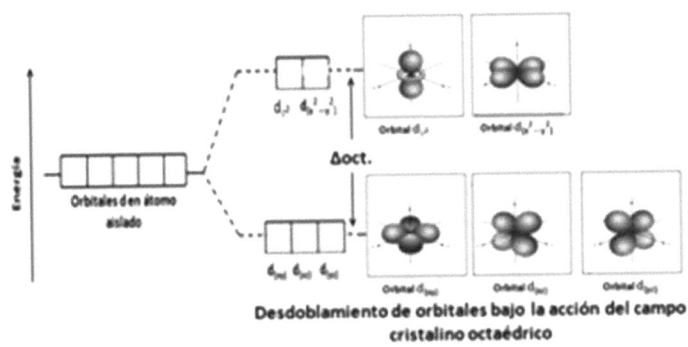

Desdoblamiento de orbitales bajo la acción del campo cristalino octaédrico

Fig.13.2.- Campo electrostático provocado por seis cargas ubicadas en los vértices de un octaedro.

Un rasgo característico de los compuestos de coordinación es el hecho de que no todos los orbitales **d** del ion metálico tienen la misma energía. Para entender la razón, debemos considerar la forma de los orbitales **d** así como la orientación de sus lóbulos en relación con los ligandos. En el ion metálico aislado, los cinco orbitales **d** tienen la misma energía, es decir, están degenerados. Sin embargo, los orbitales dz^2 y $d(x^2-y^2)$ tienen sus lóbulos orientados a lo largo de los ejes x, y, z que apuntan hacia los ligandos que se aproximan; en tanto que los orbitales dxy, dyz y dxz, tienen sus lóbulos orientados entre los ejes cartesianos a lo largo de los cuales los ligandos se aproximan. Por consiguiente, los electrones de los orbitales dz^2 y $d(x^2-y^2)$ experimentan repulsiones más fuertes que los electrones de los orbitales dxy, dyz y dxz. En consecuencia se produce una separación o desdoblamiento de energía entre los tres orbitales **d** de más baja energía, y los dos orbitales **d** de más alta energía. Observando la gráfica de orbitales **d**, se puede notar que estos orbitales son el d_{z^2} y el $d(x^2-y^2)$, mientras que los orbitales d_{xy}, d_{xz} y d_{yz} reciben una interferencia mucho menor. Esto causa que los orbitales **d**, originalmente degenerados, se separen en dos grupos con una diferencia de energía que se suele llamar Δ_{oct}. Aquí, los orbitales d_{z^2} y $d(x^2-y^2)$ forman el grupo de mayor energía (eg) y los orbitales d_{xy}, d_{xz} y d_{yz} forman el grupo de orbitales de menor energía (t2g).

La magnitud de la brecha energética, Δ, entre dos o más grupos de orbitales depende de varios factores, incluyendo la naturaleza de los ligandos y la geometría del complejo. Algunos ligandos solo producen un pequeño valor de Δ, mientras que otros generan una mayor separación. El estado de oxidación del metal también contribuye con el grado de separación entre niveles de alta y baja energía. A medida que se incrementa el estado de oxidación para un determinado metal, el grado de separación Δ también aumenta. Por ejemplo un complejo de V^{3+} tendrá una mayor Δ que uno de V^{2+} para el mismo grupo de ligandos, Esto se puede explicar con facilidad, debido a que la nube electrónica de los cationes disminuye con el aumento de carga; los ligandos se pueden aproximar mucho más a un ion V^{3+} que a un ion V^{2+}, pero ya sabemos que una menor distancia entre ion y ligandos causa una mayor Δ ya que los electrones de ligandos y metal se encuentran más cercanos entre sí y por lo tanto se repelen mas y se produce una mayor deformación de los orbitales **d**.

Las razones de estos hechos puedan ser explicadas por la teoría del campo de ligandos. La serie espectroquímica que se muestra a continuación, es una lista de "fuerza de ligandos", obtenida empíricamente en base al grado de separación Δ que producen. De menor valor a mayor valor de Δ, tenemos:

$I^- < Br^- < S^{2-} < SCN^- < Cl^- < NO_3^- < N^{3-} < F^- < OH^- < C_2O_4^{2-} < H_2O <$ $NCS^- < CH_3CN < py < NH_3 < en < Bipy < Phen < NO_2^- < PPh_3 < CN^- < CO$

Ya hemos señalado que la capacidad de un ion metálico para atraer ligandos como el agua o el amoníaco, se puede ver como una interacción ácido-base de Lewis. Sabemos que la base (es decir, el ligando) dona un par de electrones a un orbital vacío apropiado del metal. Sin embargo, podemos suponer que gran parte de la interacción atractiva entre el ion metálico y los ligandos que lo rodean, se debe a las fuerzas electrostáticas entre la carga positiva del metal y las cargas negativas de los ligandos. Si el ligando es

INTRODUCCIÓN AL ENLACE QUÍMICO

iónico, como en el caso del Cl⁻ o del SCN⁻, la interacción electrostática se produce entre la carga positiva del centro metálico y la carga negativa del ligando. Cuando el ligando es neutro, como sucede en el caso del H_2O o del NH_3, los extremos parcialmente negativos de estas moléculas polares, que contienen un par de electrones no compartido, están orientados hacia el metal. En este caso, la interacción atractiva es del tipo ion—dipolo. En ambas situaciones, el resultado es el mismo; los ligandos son atraídos fuertemente hacia el centro metálico. El conjunto ion metálico — ligandos, es más estable (tiene menos energía) que los constituyentes del complejo en forma individual.

Por un razonamiento análogo se puede demostrar que el campo electrostático de cuatro cargas que rodean a un ion, y ubicadas en los vértices de un tetraedro, produce la separación de los niveles que observamos en la figura que sigue a continuación. En este caso, los orbitales dxy, dyz y dxz, son menos estables que los orbitales dz^2 y $d(x^2-y^2)$. Esto se puede ver cualitativamente considerando las propiedades espaciales de los orbitales d con respecto a un conjunto de cuatro cargas negativas distribuidas en forma tetraédrica.

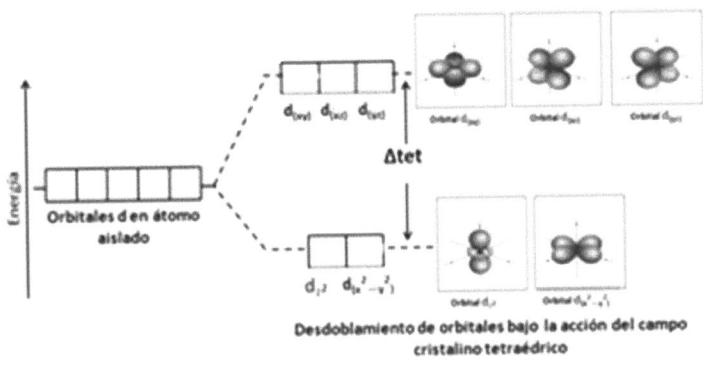

Fig.13.3.- Campo electrostático provocado por cuatro cargas ubicadas en los vértices de un tetraedro

Los compuestos tetraédricos constituyen el segundo grupo más numerosos de complejos. En éstos, cuatro ligandos se acercan al ion metálico central desde los vértices de un tetraedro. Bajo un campo repulsivo tetraédrico, los orbitales **d** se separan nuevamente en dos grupos, con una diferencia de energía que se suele llamar Δtet. Por lo que, al ubicarse estos cuatro ligandos lo más alejados uno del otro que resulte posible (una vez más, recordemos que los ligandos también se repelen entre sí), se nota que quedan en posiciones intermedias entre los ejes x, y, z. Por lo que las mayores repulsiones las recibirán los orbitales que posean componentes mayoritariamente en las zonas entre los ejes. Al observar las formas de los orbitales **d** se puede ver que esos orbitales son los dxy, dxz y dyz quienes forman el grupo de mayor energía, mientras que en este caso, los orbitales dz^2 y $d(x^2-y^2)$ forman el grupo de menor energía, por lo que la situación resulta contraria a la que vimos en un campo octaédrico. Además, debido a que los electrones de los ligandos en el complejo tetraédrico no se encuentran directamente orientados hacia los orbitales **d** del ion metálico central, la separación entre orbitales de alta y baja energía resulta menor que en el caso de los octaédricos.

De igual manera se puede utilizar la T.C.C. para explicar la estructura electrónica de los complejos cuadrados planos y de los complejos con otras geometrías.

Ahora analicemos paso a paso lo que ocurre en el complejo: Supóngase que el ion metálico posee un solo electrón **d** en su capa más externa, como ocurre con el Ti^{+3}, o el V^{+4}. En el ion libre, este electrón tiene igual probabilidad de hallarse en cualquiera de los cinco orbitales d, porque teóricamente, todos ellos son equivalentes. Pero como vemos en la figura 13.2, en realidad, los orbitales **d** una vez ubicados en el ambiente octaédrico, ya no son todos equivalentes. Como vimos antes, algunos están concentrados en regiones del espacio que están más cerca de las cargas negativas de los ligandos, mientras que otros están más alejados. Resulta obvio que ese electrón externo preferirá ocupar el orbital en el que pueda mantenerse lo más alejado posible de las cargas negativas. Teniendo en cuenta la forma de los orbitales **d**, vemos que tanto el orbital $d(x^2-y^2)$ como el $d(z^2)$, poseen lóbulos fuertemente concentrados a lo largo de los ejes del plano cartesiano, es decir, en las vecindades de las cargas; mientras que los orbitales dxy, dyz, dzx presentan lóbulos que se proyectan hacia la región espacial ubicada entre los ejes cartesianos, lo que implica que se ubican un poco más alejados de las cargas. Se puede observar que los tres orbitales dxy, dyz, dzx son igualmente favorables para el electrón entrante, los tres están ubicados en el complejo octaédrico de tal manera que sus vecindades son enteramente equivalentes. De igual manera, los orbitales relativamente desfavorables, $d(x^2-y^2)$ y $d(z^2)$, también son equivalentes entre sí.

INTRODUCCIÓN AL ENLACE QUÍMICO

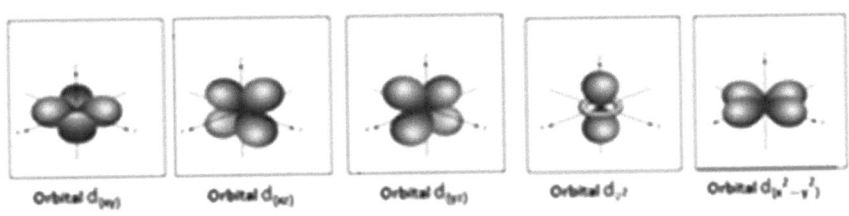

Fig. 13.4.- Representación de orbitales d

El resultado neto ya lo conocimos: colocado en un ambiente que contiene seis cargas negativas distribuidas en forma octaédrica a su alrededor, el ion metálico posee dos clases de orbitales **d**. Tres de una misma clase, equivalentes entre sí y dos de otra clase, también equivalentes entre sí. Estos últimos son de un contenido energético mayor que los primeros. Entonces, ¿dónde se ubica un electrón entrante?

Ya sabemos que la magnitud del desdoblamiento del campo cristalino también determina las propiedades magnéticas de un ion complejo. El ión $[Ti(H_2O)_6]^{+3}$, que presenta un solo electrón d, es paramagnético. Sin embargo, en un ion con varios electrones **d**, la posición de éstos no está claramente definida. Al considerar los complejos octaédricos $[FeF_6]^{-3}$ y $[Fe(CN)_6]^{-3}$, vemos que la configuración electrónica del Fe^{+3} es $[Ar]3d^5$, y hay dos formas posibles de que se acomoden los 5 electrones d entre los orbitales **d**.

De acuerdo con la regle de Hund, se alcanza la máxima estabilidad cuando los electrones ocupan cinco orbitales diferentes con espines paralelos. Pero esta distribución presenta un pequeño inconveniente: dos de los cinco electrones deben ser promovidos a los orbitales dz^2 y $d(x^2-y^2)$ de mayor energía. En cambio, si los cinco electrones entran en los orbitales dxy, dyz y dxz, no es necesario suministrar esta energía al sistema. Según el principio de exclusión de Pauli en este caso habrá un solo electrón desapareado.

En los diagramas que siguen a continuación se muestra la distribución de electrones entre los orbitales **d** que es el producto de la influencia de los complejos de alto y bajo espín. La distribución real de los electrones se determinará por la estabilidad que se gana al tener el máximo de espines paralelos contra la energía que es necesario suministrar para promover los electrones a los orbitales **d** de mayor energía. Como el ion F⁻ es un ligante de campo débil, los cinco electrones **d** se ubican en cinco orbitales **d** diferentes con espines paralelos para generar un complejo de alto espín. Por otro lado, el ion cianuro es un ligante de campo fuerte, así que, para los cinco electrones, energéticamente, es preferible ocupar los orbitales inferiores y así formar un complejo de bajo espín. Obviamente, los complejos de alto espín son más paramagnéticos que los de bajo espín.

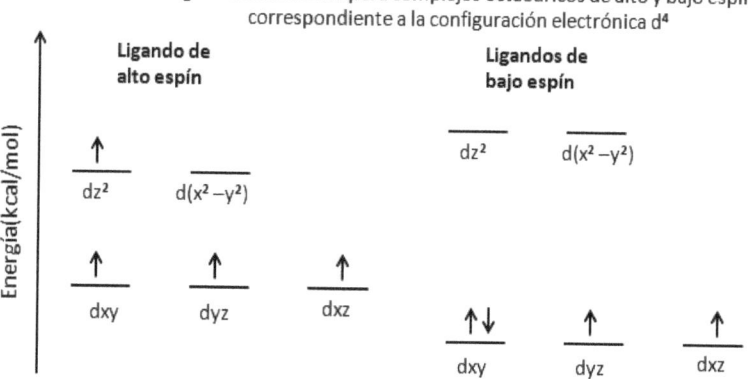

Fig. 13.5.- Diagrama de orbitales de complejos octaédricos de alto y bajo espín correspondiente a la configuración electrónica

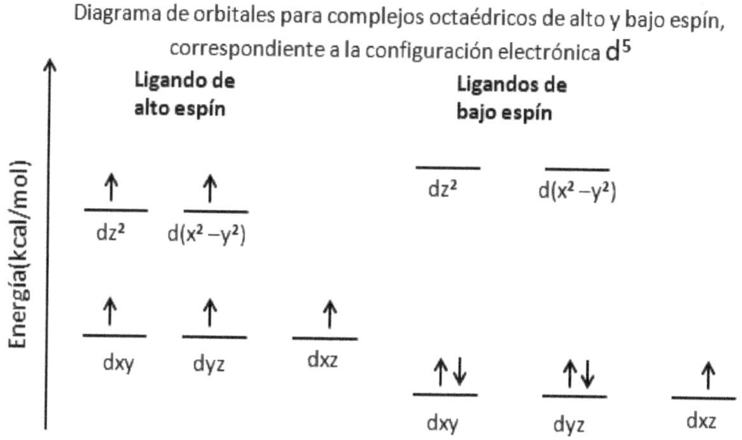

Fig. 13.6.- Diagrama de orbitales de complejos octaédricos de alto y bajo espín correspondiente a la configuración electrónica d^5

INTRODUCCIÓN AL ENLACE QUÍMICO

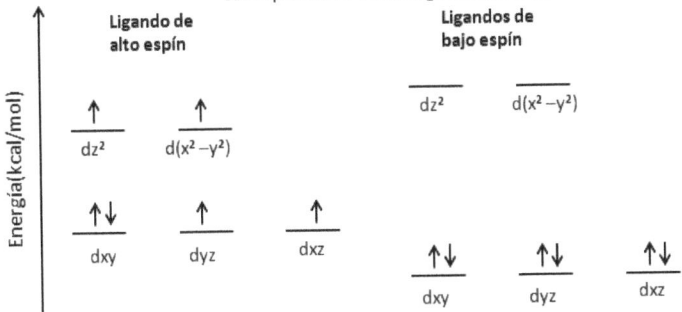

Fig. 13.6.- Diagrama de orbitales de complejos octaédricos de alto y bajo espín correspondiente a la configuración electrónica d^6

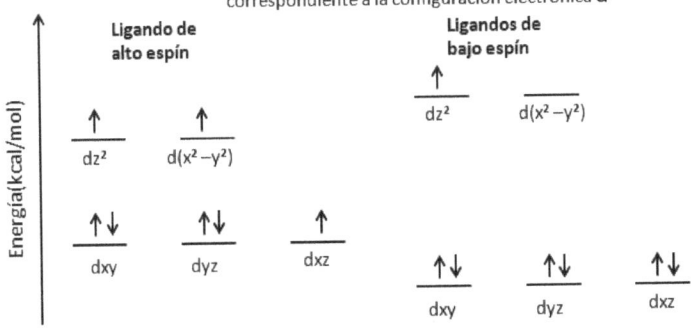

Fig. 13.7.- Diagrama de orbitales de complejos octaédricos de alto y bajo espín correspondiente a las configuraciones electrónica d^7

Estas distribuciones no se pueden hacer para los orbitales d^1, d^2, d^3, d^8, d^9, y d^{10}. El número real de electrones desapareados en un ion complejo, se puede conocer mediante mediciones magnéticas. Como podemos ver, los resultados analizados anteriormente pueden apreciarse mejor en los diagramas de niveles de energía que se muestran aquí. Por lo general, los resultados experimentales concuerdan con las predicciones que se basan en el desdoblamiento del campo cristalino. Sin embargo, la distinción entre un complejo de alto espín y uno de bajo espín, sólo se puede hacer si el ion metálico contiene más de tres electrones y menos de ocho electrones, tal como que indicado en los diagramas anteriores.

El modelo propuesto por la Teoría del Campo Cristalino nos ayuda a entender las propiedades magnéticas y algunas propiedades químicas importantes de los iones de metales de transición. Con base a lo visto anteriormente respecto a la estructura electrónica de los átomos, debemos esperar que los electrones ocupen siempre primero los orbitales desocupados de más baja energía y que ocupen un conjunto de orbitales degenerados, uno a la vez y con sus espines paralelos (regla de Hund). Por tanto, si tenemos uno, dos o tres electrones por añadir a los orbitales **d** de un ion complejo octaédrico, los electrones ocuparán el conjunto de orbitales de más baja energía, con sus espines paralelos, como se muestra en la figura siguiente.

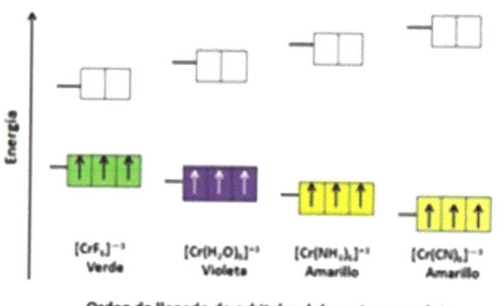

Orden de llenado de orbitales d de un ion complejo octaédrico

Fig. 13.8.-

Ahora trataremos de aclarar un poco más el punto discutido anteriormente: Somos conscientes de que los ligandos que rodean el ion metálico, así como la carga del ion, suelen desempeñar papeles importantes en cuanto a determinar cuál de las dos disposiciones electrónicas se produce. Consideremos, por ejemplo, los iones $[CoF_6]^{3-}$ y $[Co(CN)_6]^{3-}$. En ambos casos, los ligandos tienen una carga de -1. Entonces, debemos considerar que el ion F^-, que está en el extremo inferior de la serie espectroquímica, es un ligando de campo débil, mientras que el ion CN^-, en el extremo superior de la serie espectroquímica, es un ligando de campo fuerte y produce una diferencia de energía más grande que el ion F^-. En consecuencia, es de esperar que la disposición más estable sea aquella en la cual el electrón se ubica en el orbital que le brinda mayor estabilidad.

Tomando como ejemplo el caso del ion $[CoF_6]^{3-}$, la situación es como sigue: Un conteo de electrones en el cobalto (III) nos dice que tenemos seis electrones por colocar en los orbitales 3d. Imaginemos que ubicamos estos electrones, uno por uno, en los orbitales **d** del ion $[CoF_6]^{3-}$. Los primeros tres ocupan los orbitales de más baja energía con espines paralelos, es decir, los orbitales dxy, dyz y dxz. Cuando intentamos

INTRODUCCIÓN AL ENLACE QUÍMICO

incorporar un cuarto electrón surge un problema: Si el electrón se adicionara al orbital de más baja energía, se obtendría una ganancia de energía de magnitud Δ, en comparación con la colocación del electrón en el orbital de más alta energía. Sin embargo, esto trae consecuencias, ya que ahora el electrón entrante quedaría apareado con el electrón que ya ocupa el orbital. La energía que se requiere para hacer esto, en comparación con su colocación en otro orbital con espín paralelo, se conoce como energía de apareamiento de espines. La energía de apareamiento de espines tiene su origen en la mayor repulsión electrostática de los dos electrones que comparten un orbital, en comparación con dos que están en orbitales distintos. Entonces surge una interrogante: ¿Dónde se ubica el cuarto electrón?

De manera similar, el quinto electrón que agregamos ocupa –al igual que hizo el cuarto electrón– un orbital de más alta energía. Ahora, con todos los orbitales ocupados por al menos un electrón, el sexto electrón se debe aparear y ocupa un orbital de más baja energía.

En el caso del complejo $[Co(CN)_6]^{3-}$, el desdoblamiento del campo cristalino es mucho mayor. La energía de apareamiento de espines es menor que Δ, de modo que los electrones se aparean en los orbitales de más baja energía. (Ver los diagramas 13.4, 13.5 y 13.6.)

El complejo $[CoF_6]^{3-}$ se describe como un complejo de espín alto; es decir, los electrones están dispuestos de manera que puedan permanecer no apareados hasta donde sea posible. Por otra parte, el ion $[Co(CN)_6]^{3-}$ se describe como un complejo de espín bajo. Estas dos disposiciones electrónicas distintas se pueden distinguir fácilmente si se miden las propiedades magnéticas del complejo, como ya se ha descrito. Pero también el espectro de absorción muestra rasgos característicos que indican la disposición de los electrones.

Como lo indica el principio de exclusión de Pauli, no puede haber dos electrones con todos sus números cuánticos idénticos dentro del mismo sistema cuántico u orbital. Es decir, si ya tienen sus primeros tres números cuánticos iguales, deben hacerlo de modo que su cuarto número cuántico sea diferente. Para el electrón solo existen dos estados cuánticos de espín posibles: $+1/2$ y $-1/2$. Pero también sabemos que existe, además, un cierto grado de repulsión entre electrones que ocupan un mismo orbital. Este grado de repulsión causa lo que se denomina "energía de apareamiento", que es la energía que hay que suministrar a un electrón para que ocupe un orbital que ya se encuentra semilleno. Es por esto que un electrón, cuando tiene la posibilidad de optar entre varios orbitales degenerados (orbitales con la misma energía), tratará siempre de ocupar el mayor número posible de orbitales vacíos antes de empezar a completar orbitales semillenos. Esto que se conoce como regla de Hund, que es la base en la que se sustentan las propiedades magnéticas y algunas de las propiedades ópticas de los complejos. Esto es lo que sucede con el ion $[FeBr_6]^{-3}$, tal como se muestra en el siguiente diagrama.

13.1.- Energía de apareamiento.

En consecuencia, ligandos como el I^- y Br^-, que causan un pequeño grado de separación Δ entre orbitales **d**, son llamados "ligandos de campo débil". En estos complejos resulta energéticamente más rentable para los electrones ocupar todos los orbitales siguiendo la regla de Hund, es decir haciéndolo con espines desapareados. Esto ocurre así porque la energía de apareamiento es mayor que la separación Δ entre orbitales de baja y alta energía. Un complejo de este tipo se dice que es de "alto espín" porque la suma de los momentos magnéticos de todos sus electrones es la máxima posible. Por ejemplo, Br^- es un ligando de campo débil y produce una Δoct pequeña. De modo que el ion $[FeBr_6]^{3-}$, que también posee cinco electrones **d**, muestra un diagrama de campo octaédrico con los cinco orbitales semillenos. Este ion por lo tanto es un complejo de espín alto.

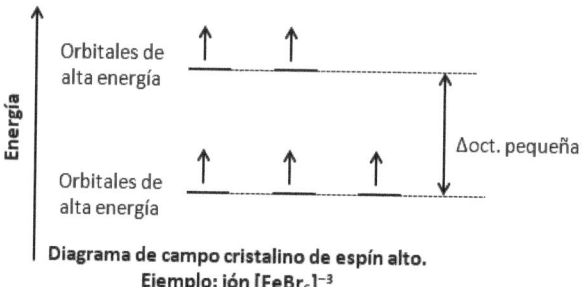

Diagrama de campo cristalino de espín alto.
Ejemplo: ión $[FeBr_6]^{-3}$

Fig. 13.9.- Diagrama de campo cristalino de alto espín

Por otro lado, los ligandos que causan una gran separación Δ en los orbitales atómicos **d** del metal, se suelen referir como ligandos de campo fuerte, (por ejemplo: CN⁻ y CO). En complejos formados por estos ligandos, la separación en energía Δ entre el grupo de orbitales de mayor y menor contenido energético, resulta mayor que la energía de apareamiento de los electrones. Esto causa que los orbitales de menor energía se llenen –aún a costa del apareamiento de electrones– antes de comenzar a completar los de mayor energía. (Esto se conoce con el nombre de Principio de Aufbau). Este tipo de compuestos son llamados de "bajo espín", porque en ellos la suma de los momentos magnéticos causados por los electrones es la mínima posible. Por ejemplo, el NO_2^- es un ligando de campo fuerte y produce una gran Δ. El ion octaédrico $Fe(NO_2)_6]^{3-}$ que posee 5 electrones **d**, muestra un diagrama de campo octaédrico donde todos los electrones se encuentran en el nivel t2g. Este ion es, por lo tanto, un complejo de espín bajo.

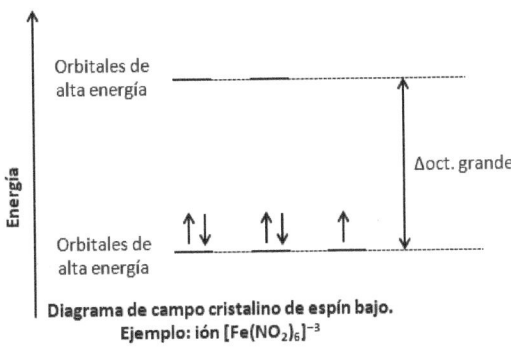

Diagrama de campo cristalino de espín bajo.
Ejemplo: ión $[Fe(NO_2)_6]^{-3}$

Hasta ahora, hemos puesto énfasis en los complejos octaédricos, pero el desdoblamiento de los niveles de energía del orbital d en otros dos tipos de complejos comunes –tetraédricos y cuadrados planos– aunque un poco más complicado, también puede explicarse satisfactoriamente con la Teoría del Campo Cristalino. Ya vimos que el patrón de desdoblamiento de un ion tetraédrico es exactamente opuesto al de un ion octaédrico, ya que en aquel, los orbitales dxy, dyz y dxz están más orientados hacia los ligandos entrantes y en consecuencia tienen mayor contenido energético que los orbitales dz² y d(x²–dy²). La mayoría de los complejos tetraédricos son de alto espín. Sin embargo no es posible determinar a priori la posición relativa de los orbitales dxy, dyz y dxz por imple inspección, sino que debe calcularse.

Sintetizando: sabemos que la energía total del conjunto ion metálico + ligandos, es menor cuando los ligandos son atraídos hacia el centro metálico (por consiguiente el conjunto se hace más estable). Sin embargo, al mismo tiempo existe una interacción de repulsión entre los electrones más externos del metal y las cargas negativas de los ligandos. Esta interacción se conoce como "campo cristalino". El campo cristalino causa que la energía de los electrones del orbital d del ion metálico aumente. Sin embargo, no todos los orbitales d del catión se comportan de la misma manera bajo la influencia del campo cristalino.

También vimos que la diferencia de energía entre los dos conjuntos de orbitales **d** está indicada como Δ. (La diferencia de energía, Δ, se describe a veces como la energía de desdoblamiento de campo cristalino). La diferencia de energía entre los orbitales **d**, representada por Δ, es del mismo orden de magnitud que la energía de un fotón de luz visible. Por tanto, el átomo del metal de transición puede absorber luz visible, la cual excita a un electrón de los orbitales **d** de más baja energía hacia los orbitales de mayor energía.

Una teoría satisfactoria del enlace en los compuestos de coordinación debe explicar propiedades como el color y el magnetismo, así como la estereoquímica y las fuerzas de enlace. Hasta ahora, ninguna teoría puede explicar por sí sola, estas propiedades. En el mejor de los casos sólo se han aplicado diversos enfoques para describir las propiedades de los complejos formados por los metales de transición.

13.2.- Color de los complejos de transición.

El estudio de los colores y las propiedades magnéticas de los complejos de metales de transición ha desempeñado un importante papel en el desarrollo de modernos modelos de enlaces metal—ligando. En general, el color de un complejo depende del metal específico, su estado de oxidación y los tipos de ligandos unidos al metal. Por lo general, para que un complejo muestre color es necesaria la presencia de una subcapa d parcialmente llena en el metal. Por ejemplo, tanto el $[Cu(H_2O)_4]^{2+}$ como el $[Cu(NH_3)_4]^{2+}$, contienen Cu^{2+}, el cual que tiene la estructura electrónica [Ar] $3d^9$, y ambos son compuestos coloreados, mientras que los iones que tienen subcapas d totalmente vacías (como el Al^{3+} y el Ti^{4+}) o subcapas d completamente llenas (como el Zn^{+2}), por lo general son incoloros. Si un objeto absorbe todas las longitudes de onda de la luz visible, ninguna de ellas puede llegar a nuestros ojos, en consecuencia, el objeto se ve negro. Si

INTRODUCCIÓN AL ENLACE QUÍMICO

no absorbe luz visible, el objeto es blanco o incoloro; si absorbe toda la luz excepto la naranja, el material se verá de color naranja. Sin embargo, también percibimos un color naranja cuando llega a nuestros ojos luz visible de todos los colores excepto el azul. El naranja y el azul son colores complementarios.

Así pues, un objeto tiene un color específico por una de dos razones: (1) refleja o transmite luz de ese color; (2) absorbe luz del color complementario. Los colores complementarios se pueden determinar usando una rueda cromática de pintor. La rueda muestra los colores del espectro visible, del rojo al violeta. Los colores complementarios, como el naranja y el azul, aparecen como cuñas opuestas una a otra en la rueda. La cantidad de luz absorbida por una muestra en función de la longitud de onda, se conoce como su espectro de absorción.

Se conoce una amplia gama de colores exhibidos por los óxidos de los metales de transición: Ti_2O_3 (morado), TiO (bronceado), V_2O_5 (amarillo), VO_2 (azul), CrO_3 (rojo), Cr_2O_3 (verde esmeralda), Fe_2O_3 (rojo ladrillo), NiO (verde pálido) y MnO (verde oliva). Podemos contrastar esta gran variedad de colores con la mayoría de los óxidos de aquellos metales que no son metales de transición, y veremos que la mayoría de éstos son incoloros o blancos; y si no son blancos o incoloros, entonces son grises y opacos. Otro fenómeno que siempre ha llamado la atención a los investigadores, es que muchos cristales pulverizados que no muestran color alguno, en cuanto son disueltos en agua (con lo cual los iones metálicos que hay en dichos cristales sufren un proceso de hidratación) adquieren una hermosa coloración distintiva. Desde los tiempos de la formulación de la teoría mecánico-cuántica de los orbitales atómicos, se descubrió que los electrones de los orbitales **d** de los metales de transición, pueden ser considerados como los responsables de estas propiedades inusuales. Esta es la tesis de la T.C.C., la cual ha correlacionado de manera elegante la estructura electrónica, la geometría, el color, los efectos magnéticos y muchas otras propiedades físicas y químicas de los metales de transición.

Como se explicó antes, según la T.C.C., los orbitales atómicos **d** del catión central en un complejo dado, se separan en dos grupos de energías diferentes; entonces, cuando esa molécula absorbe un fotón de luz visible, uno de sus electrones de un nivel de energía inferior, absorbe la energía del fotón y "salta" hacia un nivel de mayor energía para formar un átomo en un estado momentáneamente excitado. La diferencia de energía entre el átomo en su estado basal y su estado excitado, es aproximadamente igual a la diferencia entre los orbitales de menor y mayor energía, y es igual a la energía transportada por el fotón. Como la diferencia de energía entre los dos niveles electrónicos es igual a la energía del fotón absorbido, es posible relacionar esta energía con la longitud de onda del fotón según: $\Delta E_{(electrón)}$ = $E_{(fotón)}$ = $h.v = h.\lambda/c$

Donde: **h** es la constante de Planck; **v** es la frecuencia de la onda; **c** es la velocidad de la luz; λ es la longitud de onda

Luego, en cada transición electrónica, los electrones absorben determinadas longitudes de onda de la luz. Si en la transición se absorbe longitudes de onda dentro del rango visible (420 a 750 nm), entonces el compuesto, al ser iluminado con luz blanca, se ve coloreado; y precisamente del color complementario al color absorbido. Como diferentes ligandos producen campos cristalinos de diferente fuerza, es posible observar diferentes colores. Para un metal dado, los ligandos de campo débil pueden producir complejos con una Δ pequeña, los cuales absorben luz de baja energía, es decir, luz de baja frecuencia y longitud de onda larga. Por otro lado, ligandos de campo fuerte provocan una gran Δ, por lo que absorben luz de alta frecuencia, es decir, luz de longitud de onda corta. Los complejos de transición presentan brillantes colores debido a que las diferencias en las energías de sus orbitales d se encuentran en el orden de las energías transportadas por las ondas del espectro visible.

Por otro lado, es muy improbable que la energía del fotón absorbido se corresponda exactamente con la brecha Δ; ya que existen numerosos factores que también afectan la diferencia de energía entre el estado basal y los diferentes estados excitados, tales como las repulsiones electrón-electrón y otras más.

El ion $[Ti(H_2O)_6]^{3+}$ nos ofrece un ejemplo sencillo de lo que estamos discutiendo, ya que el titanio(III) tiene un sólo electrón 3d, y presenta un único máximo de absorción en la región visible del espectro. Este máximo corresponde a 510 nm. (235 kJ/mol). La luz de esta longitud de onda causa que el electrón **d¹** pase del conjunto de orbitales **d** de más baja energía, t2g, al conjunto de más alta energía, eg. La absorción de radiación de 510 nm que produce esta transición, hace que las sustancias que contienen el ion $[Ti(H_2O)_6]^{3+}$ sean de color púrpura. Es decir, la diferencia de energía (Δ) entre los orbitales eg y t2g en este ion, corresponde a la energía de los fotones que abarca el intervalo verde y amarillo. Cuando la luz blanca incide sobre la disolución, estos colores de la luz se absorben, y el electrón salta a uno de los orbitales eg. Se transmite luz roja, azul y violeta, así que la disolución se ve púrpura.

En términos generales, se puede afirmar que la magnitud de la diferencia de energía, Δ, y en consecuencia el color de un complejo, dependen tanto del metal, como de los ligandos que lo rodean. Por ejemplo, el $[Fe(H_2O)_6]^{3-}$ es de color violeta claro, el $[Cr(H_2O)_6]^{3+}$ es violeta y el $[Cr(NH_3)_6]^{3+}$ es amarillo. Los ligandos se pueden ordenar según su capacidad para aumentar la diferencia de energía, Δ. Con los datos espectroscópicos de varios complejos que tienen el mismo ion metálico, pero distintos ligandos, los especialistas han calculado el desdoblamiento del campo cristalino para cada ligando y han establecido una serie espectroquímica a la que ya hemos hecho referencia antes. La que sigue es una lista abreviada de ligandos comunes dispuestos en orden de Δ creciente: **C < F⁻< H2O <NH3 <en < NO2⁻< CN⁻.** (Ver lista de ligando expuesta en la página 142).

Es bueno recordar que cuando un metal de transición se ioniza, los electrones de valencia que se transfieren en primer término, son los electrones **s**. Por tanto, la configuración electrónica externa del cromo es $[Ar]\ 3d^5\ 4s^1$; mientras que la del ion Cr^{3+} es $[Ar]\ 3d^3$. Observe que a medida que aumenta el campo que ejercen los seis ligandos circundantes, también aumenta el desdoblamiento de los orbitales **d** del metal. Puesto que el espectro de absorción está relacionado con esta separación de energía, estos complejos son de distintos colores.

Para finalizar:

Obviamente, nuestro conocimiento del enlace químico todavía se encuentra en un estado de desarrollo primario. Es justo reconocer que las teorías disponibles hasta ahora son aproximaciones que han sido capaces de establecer valiosas e importantes relaciones entre gran cantidad de información experimental, y por tanto, se ha logrado establecer un lenguaje adecuado para expresar las normas que rigen el enlace químico. No obstante, una teoría que proporcione una explicación exacta de las fuerzas que mantienen unidos a los átomos, y que permita una predicción exacta de todas las propiedades de las moléculas, parece estar todavía muy lejana.

Como un ejemplo que avala lo que afirmamos, tenemos que las

series de los elementos de transición –en la que se llenan gradualmente los orbitales d y f– agrupa aproximadamente unos 50 elementos que presentan una amplia variedad de interesantes propiedades. Sin embargo, explicar satisfactoriamente aunque sea una sola de las importantes propiedades de estos elementos, es una tarea harto complicada, que sobrepasa considerablemente los objetivos de este libro. De allí que en este trabajo aspiramos a sembrar en el conocimiento del lector los fundamentos básicos que le permitirán alcanzar una comprensión amplia y bien fundamentada de las fuerzas que unen los átomos en los diferentes compuestos y moléculas.

INTRODUCCIÓN AL ENLACE QUÍMICO

ÍNDICE ALFABÉTICO

A.-

Agentes complejantes: 62

B.-

Becquerel, Henri

Berilio, compuestos de: 17, 19, 43

C.-

Campo electrostático para 4 cargas en una configuración tetraédrica: 79, 80

Campo electrostático para 6 cargas en una configuración octaédrica: 79, 80

Complejos:

.- Características generales: 62, 63

.- Carga de: 64

.- Colores de los: 75, 76

.- Diagramas de energía de: 53, 54, 55, 56, 59, 60

.- Formulación de: 71

.- Nomenclatura de: 71,72

.- Ejemplos de nomenclatura: 73

Compuestos complejos o de coordinación: 61

Compuestos de transición, colores de: 81

Compuestos octaédricos, configuración electrónica: 83

Compuestos tetraédricos, configuración electrónica: 83

D.-

Dalton, John: 4

Diagrama de energía para:

.- B_2: 59

.- CO: 58

.- HF: 59

.- NO: 59

.- N_2: 60

.- Diborano: 48

.- Oxígeno: 56

Dipolo: 37, 41, 42, 43

E.-

Electrones: 7, 8, 11

Electrones de valencia: 2, 50, 58, 62, 64, 68

Elementos alcalinos, propiedades: 20, 21, 22

Elementos no metálicos, reactividad de: 21, 22

Enlace covalente coordinado: 31, 36

Enlace covalente: 34

Enlace de puente de hidrógeno: 40

Enlace iónico: 16

Enlace metálico: 11

Etilenodiaminatetraacético, EDTA: 69

F.-

Formación de moléculas de:

. - Acetileno: 47

. - $BeCl_2$: 43

. - Compuesto de Boro: 36

. - C_2H_4: 47

. - C_2H_6: 46

. - CCl_4: 26

. - CH_4: 34

. - Cl_2: 23

. - CO: 59, 60

. - F_2: 31

. - H_2: 24, 29, 53

. - H_2O: 24, 34

INTRODUCCIÓN AL ENLACE QUÍMICO

. - HCl: 26, 29

. - He$_2^{+1}$: 53

. - MgCl$_2$: 19

. - N$_2$: 33

. NH$_3$: 9, 24, 34

. - O$_2$: 32

Fuerzas de Van Der Waals: 41

G.-

Gases inertes: 17,18

Geometría molecular: 9, 10, 37, 49, 64, 66, 78, 80

H.-

Hadrones: 7,9

Hibridación, tipos de: 44, 45, 46

Hund, regla de: 45, 82, 84,

I.-

Interacciones dipolo – dipolo inducido: 43

Interacciones dipolo – dipolo: 42

Interacciones dipolo inducido – dipolo inducido: 43

Isomería estructural: 73

Isomería óptica: 74, 75

L

Lewis, G.N.: 17, 23, 67, 68

.- Ácido de: 63, 68, 79

.- Base de: 63, 68, 79

.- Estructuras de: 25, 26, 27, 28

.- Teoría de: 17, 23, 67, 68

Ligandos:

.- Ambidentados: 70

.- Polidentados: 69

.- Concepto de: 9, 67, 83, 84

.- Tabla de: 72

M

Materia Oscura: 7

Mesones: 7,9

Metales, propiedades de: 12

Molécula de CH_4: 9

Molécula de Diborano: 48

Moléculas diatómicas heteronucleares: 58

Moléculas diatómicas homonucleares: 57

N

Neutrones: 6,7

Niveles de energía: 8

Nucleones: 4

Número atómico: 5

O

Orbital:

.- Concepto de: 2, 5, 7, 12, 46,

.- Molecular: 3, 37, 58, 70, 81, 84,

.- Molecular enlazante: 9, 37, 58, 60,

.- Atómico: 12, 49, 50

.- Molecular antienlazante: 12, 57, 58, 60

.- Degenerados: 58, 78, 82

.- Híbridos 37, 43

.- Secuencia de llenado: 56

.- Tipos de: 35

.- Combinación lineal de: 34

Oxígeno: Singulete, doblete, triplete: 56, 57, 58

P

Pauli, principio de exclusión de: 7

Perkins, G.A: 30

Plano nodal: 30, 51

Platino: 65, 66, 73

INTRODUCCIÓN AL ENLACE QUÍMICO

Polaridad: 38, 39

Protones: 6,7

Q

Quark, concepto: 4

Quarks, tipos de: 5, 6, 7

Quelato: 69, 70, 73

R

Repulsiones electrostáticas: 25, 77, 78, 80

Rutherford, Ernest: 4

S

Schrödinger, ecuación de: 3, 5

Semiconductores: 9

Serie espectroquímica: 79

Sidgwick, Nevil V: 67,68

Solapamiento de orbitales, diagramas de: 34,36

Solapamiento: 2, 47, 48, 50, 52, 64, 67, 74

Superposición de orbitales: 14

T

Tabla de ligandos más comunes: 72

Teorías de Enlace Químico:

.- T. R.P.E.C.V: 9

.- Teoría de bandas: 14

.- Teoría de Campo Cristalino: 76, 77, 78, 81, 82, 83

.- Teoría de Enlace de Valencia: 2, 3, 4, 29, 35,

.- Teoría de Enlaces de valencia, debilidades: 33,34

.- Teoría de Enlaces de valencia: Aplicaciones: 36

.- Teoría de orbitales Híbridos: 47, 48

.- Teoría de Orbitales Moleculares: 2, 3, 49, 58, 68, 76,

.- Teoría del campo de los Ligando: 77, 78, 79, 80

.- Teoría del mar de electrones: 13

Tiocianato

C.G.H.R.

Tipos de radiación: 4

Trimetilboro: 30

V

Valencia: 2, 37, 68, 71, 72

INTRODUCCIÓN AL ENLACE QUÍMICO

REFERENCIAS

.- Basic Inorganic Chemistry

F. Albert Cotton – Geoffrey Wilkinson. John Wiley and sons, Inc. New York, U.S.A. 1976.

.- Electrones y enlaces químicos.

Harry B. Gray. Columbia University. Editorial Reverté S.A. Barcelona, España. 1970

.- Introductory Quantum Chemistry

John C. Schug. Virginia Polytechnic Institute and State University. Holt, Rinehart and Winston, Inc. New York, U.S.A. 1972.

.- Química

Julia Flores. Editorial Santillana. Caracas, Venezuela. 2005

.-Química. Edición Breve.

Raymond Chang. Williams College. Mc Graw-Hill. México. 1999

.- Química Inorgánica Avanzada. Segunda edición

F. Albert Cotton – Geoffrey Wilkinson. Editorial Limusa. México, 1980

.- Química. Séptima edición

G. William Daub – William S. Seese. Prentice–Hall Hispanoamericana, S.A. New York, U.S.A. 1996

.- Química y Ambiente. Segunda edición.

Fidel Antonio Cárdenas S. – Carlos Arturo Gélvez S. Mc Graw Hill. Bogotá, Colombia. 1995.

.- Valencia y Estructura Molecular. Tercera edición.

E. Cartmell – G.W.A. Fowles. Editorial Reverté S.A. Barcelona, España. 1974.

.- Teoría del orbital Molecular (pdf). Por Alejandro Solano-Peralta
Facultad de Estudios Superiores Cuautitlán, UNAM

.- Teoría de Orbitales Moleculares
http://rabfis15.uco.es/weiqo/Tutorial_weiqo/Hoja8P1.html

.-Teoría de los orbitales moleculares.-
https://es.wikipedia.org/wiki/Teor%C3%ADa_de_los_orbitales_moleculares

.- El enlace metálico
https://quimica.laguia2000.com/conceptos-basicos/enlace-metalico

.- Enlace Metálico
http://corinto.pucp.edu.pe/quimicageneral/contenido/35-enlace-metalico.html

.- El electrón, el protón y el neutrón, se pueden comprimir
https://www.i-cpan.es/detallePregunta.php?id=2

.- ESTRUCTURA MOLECULAR (pdf)
https://docplayer.es/23170404-Tema-3-estructura-molecular.html

.-TEORÍA DE LOS ORBITALES MOLECULARES
http://rabfis15.uco.es/weiqo/Tutorial_weiqo/Hoja8P1.html

.-Teoría de los orbitales moleculares.-
https://es.wikipedia.org/wiki/Teor%C3%ADa_de_los_orbitales_moleculares

.- Introducción a los Compuestos de Coordinación
https://es.slideshare.net/ignaciooldannogueras/introduccin-a-los-compuestos-de-coordinacin

.- Electrones Moleculares
http://www7.uc.cl/sw_educ/qda1106/CAP3/3C/3C4/index.htm

.- La teoría del Enlace de Valencia.-
https://es.wikipedia.org/wiki/Teor%C3%ADa_del_enlace_de_valencia

.- Prácticas de Química Inorgánica.
http://147.96.70.122/Manual_de_Practicas_II/home.html?iv_6_complejos_compuestos_de_c.htm

.- Los compuestos de los metales de transición
https://www.textoscientificos.com/quimica/inorganica/metales-transicion

.- Chemical Principles.

INTRODUCCIÓN AL ENLACE QUÍMICO

Zumdahl, Steven S. Fifth Edition. Boston: Houghton Mifflin Company, 2005.

.- Introducción a los compuestos de Coordinación

https://es.slideshare.net/ignacioroldannogueras/introduccin-a-los-compuestos-de-coordinacin

.- Teoría del campo cristalino

https://es.wikipedia.org/wiki/Teor%C3%ADa_del_campo_cristalino

.- La mecánica cuántica

http://la-mecanica-cuantica.blogspot.com/2009/08/teoria-del-campo-cristalino.html

.- Interacciones moleculares

http://sebbm.es/BioROM/contenido/JCorzo/temascompletos/InteraccionesNC/agua/disoluciones.htm

.- Los quarks como elementos fundamentales de la materia visible.

https://astrojem.com/teorias/quarks.html

.- Oxígeno Singulete, Doblete y Triplete

https://es.wikipedia.org/wiki/Ox%C3%ADgeno_triplete

.- Física de Sabores

https://www.investigacionyciencia.es/blogs/fisica-y-quimica/29/posts/fsica-de-sabores-10736

.- Modelo de Repulsión de los pares de Electrones de la Capa de valencia

https://www.textoscientificos.com/quimica/inorganica/vserp

C.G.H.R.

INTRODUCCIÓN AL ENLACE QUÍMICO

TABLA PERIÓDICA

Tabla Periódica de los Elementos.
"Introducción al Enlace Químico"
Prof. Carlos G. Hernández R.

Elementos en letras negras: sólidos.
Elementos en letras de color magenta: líquidos.
Elementos en letras azules: gaseosos.
Elementos en letras rojas: gases inertes
Elementos en letras verdes: Sintetizados

Elementos marcados con círculo naranja ⬤ : Metaloides
Elementos marcados con círculo morado ⬤ : No metales
Elementos sin marcas: Metales

Lantánidos:
Actínidos:

TABLA PERIÓDICA DE LOS ELEMENTOS

C.G.H.R.

INTRODUCCIÓN AL ENLACE QUÍMICO

www.ingramcontent.com/pod-product-compliance
Lightning Source LLC
Chambersburg PA
CBHW041940240526
45473CB00033B/4